SIMON KÜSTENMACHER

MAD MAPS

DIE WELT IN ÜBER 100 UNGEWÖHNLICHEN KARTEN

SIMON KÜSTENMACHER

MAD MAPS

DIE WELT IN ÜBER 100 UNGEWÖHNLICHEN KARTEN

riva

Bibliografische Information der Deutschen Nationalbibliothek
Die Deutsche Nationalbibliothek verzeichnet diese Publikation in der Deutschen Nationalbibliografie; detaillierte bibliografische Daten sind im Internet über http://d-nb.de abrufbar.

Für Fragen und Anregungen
info@m-vg.de

Wichtiger Hinweis
Ausschließlich zum Zweck der besseren Lesbarkeit wurde auf eine genderspezifische Schreibweise sowie eine Mehrfachbezeichnung verzichtet. Alle personenbezogenen Bezeichnungen sind somit geschlechtsneutral zu verstehen.

Originalausgabe
5. Auflage 2024

ein Imprint der Münchner Verlagsgruppe GmbH
Türkenstraße 89
80799 München
Tel.: 089 651285-0

Redaktion: Ronit Jariv
Umschlaggestaltung: Laura Osswald
Umschlagabbildung: Laura Osswald nach einer Vorlage von NeoMam Studios production for Credit Card Compare (www.creditcardcompare.com.au)
Satz: ZeroSoft, Timisoara
Druck: Firmengruppe APPL, aprinta Druck, Wemding
Printed in Germany

ISBN Print 978-3-7423-1105-4
ISBN E-Book (PDF) 978-3-7453-0745-0
ISBN E-Book (EPUB, Mobi) 978-3-7453-0746-7

INHALT

VORWORT

DIE FREUDE AM KARTENLESEN

Zahlreiche Menschen befassen sich jeden Tag beruflich mit Karten: Stadtplaner, Geologen, Fahrer oder Angehörige des Militärs – von Kartografen ganz zu schweigen. Aber auch viele Hobbys – ich denke hier etwa an Bergsteigen oder Reisen – bringen eine regelmäßige Beschäftigung mit Karten mit sich. Und seit der Smartphone-Revolution sind wir alle zu täglichen Kartenlesern geworden. Wo ist der nächste Supermarkt, was ist der schnellste Weg zum Ausflugsziel, schaffe ich es noch vor der Regenfront nach Hause? All diese Fragen sind in Sekundenschnelle per App beantwortet. Heute sind wir alle Kartenjunkies.

Gleichzeitig gibt es aber immer noch viele Leute, die ein bisschen Angst vor Daten und Karten haben. Womöglich sind das noch alte Schultraumata aus dem Mathe- oder Erdkundeunterricht. Dabei kommen nicht alle Daten als gruselige mathematische Formeln daher. Wenn sie visuell aufbereitet und gut durchdacht sind, können sie sogar richtig Spaß machen.

Meine persönliche Begeisterung für Karten wurde schon in der Schule geweckt, beim Herumblättern im Diercke Weltatlas. In dem altehrwürdigen Schulatlas waren komplexe Daten immer so schön klar dargestellt und luden zu endlosen mentalen Reisen ein. Später, im Geografiestudium, hatte ich dann ständig mit Karten zu tun und übte mich am Computer selbst als Kartograf. Seit meiner ersten Kartografie-Vorlesung ist kartografische Software viel einfacher und intuitiver geworden, mehr und mehr Daten sind schnell und kostenlos im Netz zu finden.

Als Folge sind im Internet unendlich viele wunderbare Karten zu finden. Es gibt zahlreiche Foren und Blogs, in denen professionelle Kartografen und talentierte Hobbykartografen ihre Werke präsentieren.

In den letzten drei Jahren wurde ich mehr oder weniger zufällig zum inoffiziellen Twitter-Kartenkurator. Bei Recherchen für meine Tätigkeit als Demograf und Zeitungskolumnist in Australien stieß ich unentwegt auf spannende Karten. Leider hatten die selten direkt etwas mit meiner Arbeit zu tun, es wäre aber ein Jammer gewesen, diese schönen Fundstücke nur für mich zu behalten. Also begann ich 2016, meinen 100 Twitter-Followern ein paar schöne Karten zu präsentieren. Ich hätte nicht gedacht, dass das bei so vielen Menschen auf Interesse stößt. Zu den 100 Twitter-Followern sind seitdem gut 180 000 neue dazugekommen und monatlich sehen weit über 20 Millionen Menschen meine Karten auf Twitter. Seit Neuestem teile ich die Karten auch auf Facebook.

Ich zeige Karten nicht, um Leute politisch zu beeinflussen oder ihnen meine Meinung aufzuzwingen. Die Karten bieten lediglich eine Grundlage zur Urteilsbildung. Karten sind immer eine limitierte Darstellung einer endlos komplexen Realität. Der polnisch-amerikanische Wissenschaftler und Philosoph Alfred Korzybski warnt uns, die Karte nicht mit dem Gebiet zu verwechseln, schließlich sei auch »das Wort nicht das Ding«. Wenn wir Karten mit Gebieten verwechseln, verwechseln wir vereinfachende Modelle mit der Realität selbst. Der US-amerikanische Philosoph Alan Watts hat diesen Gedanken noch prägnanter formuliert: »Das Menü ist nicht das Essen.«

So geht es in diesem Buch nicht darum, Karten zu präsentieren, die vorgeben, die Realität vollkommen korrekt wiederzugeben, sondern darum, die Freude an Daten und am Kartenlesen zu wecken. Zu jeder der insgesamt 100 Karten beschreibe ich kurz, um was es geht und welche Highlights die Karte aufweist. Den Großteil der Karteninterpretation überlasse ich aber gerne den Leserinnen und Lesern.

Viel Spaß dabei!

BEVÖLKERUNGS-DICHTE

Die drei häufigsten Kartentypen, die uns im Alltag begegnen, sind topografische (Geländeformen der Erdoberfläche), politische (Länder- oder Gebietsgrenzen) und Bevölkerungskarten.

Zu wissen, wo Menschen leben und arbeiten und wie sich dies in der Zukunft entwickeln wird, ist von großem Interesse für Regierungen, die versuchen, ihre begrenzten Ressourcen gerecht zu verteilen. Auch Firmen und Marketingagenturen wollen sehr genau wissen, wo sich Menschen ansiedeln.

Eine altbekannte Erkenntnis unter Kartografen ist, dass viele Karten mit spezifischem Thema eigentlich nur Bevölkerungskarten sind. Die Anzahl von Mobiltelefonmasten, Autozulassungen, Rollstuhlfahrern oder Haustieren ist häufig nur eine direkte Spiegelung der Bevölkerung. Wo mehr Menschen wohnen, gibt es nun mal auch mehr Mobiltelefonmasten oder Haustiere. Folglich sind viele solcher Karten nicht sonderlich aussagekräftig. Gewitzte Kartografen greifen dann zu einem simplen Trick: Sie rechnen die Zahl der Katzen per 1000 Einwohner, also die relative Katzendichte, aus. Denn diese ist deutlich aussagekräftiger in Bezug auf die Haustiervorlieben verschiedener Gebiete als die absolute Katzenzahl.

Weil Bevölkerungskarten so häufig vorkommen und für so viele Gruppen von großem Interesse sind, schauen wir uns zu Beginn ein paar besonders originelle Exemplare an.

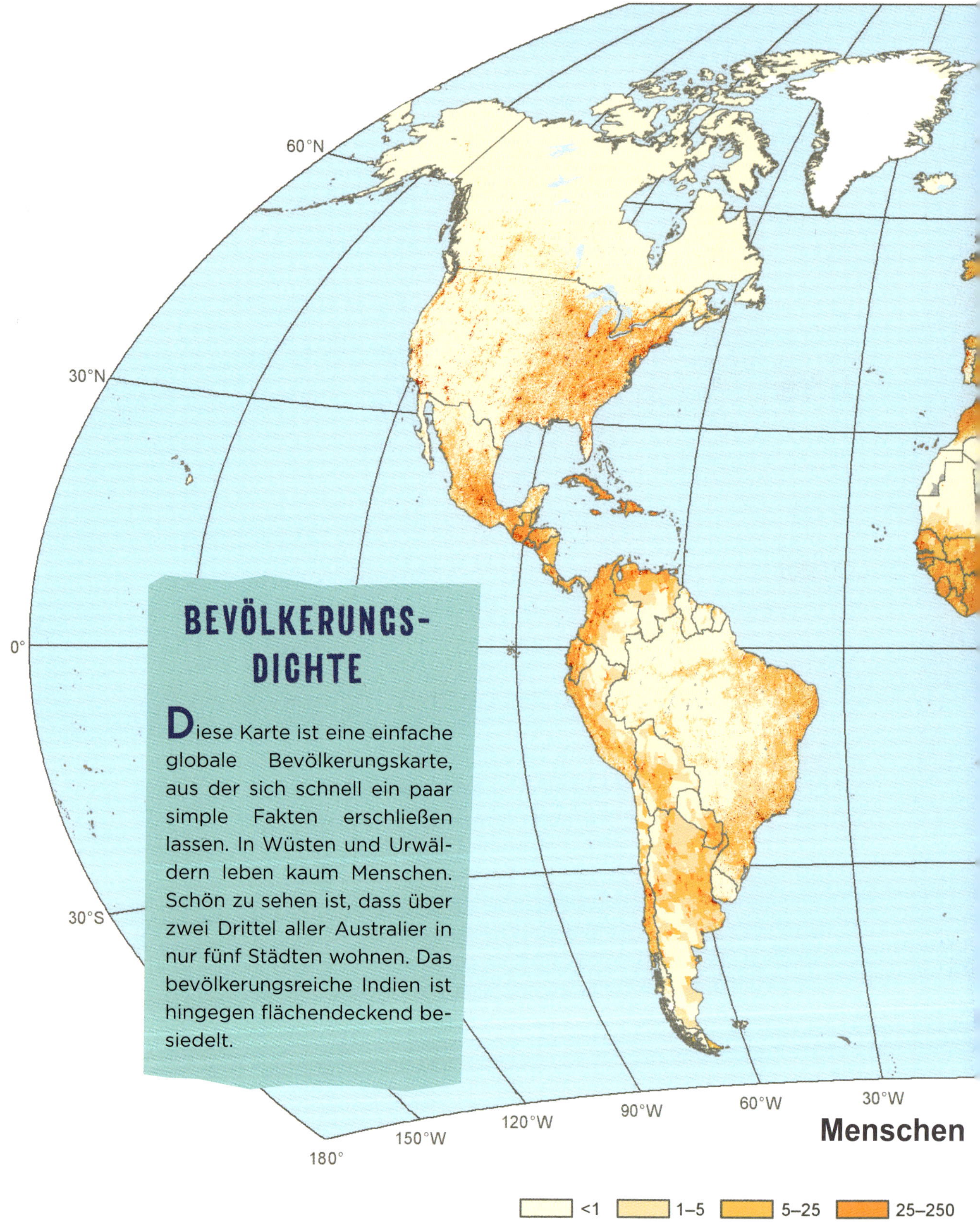

BEVÖLKERUNGS-DICHTE

Diese Karte ist eine einfache globale Bevölkerungskarte, aus der sich schnell ein paar simple Fakten erschließen lassen. In Wüsten und Urwäldern leben kaum Menschen. Schön zu sehen ist, dass über zwei Drittel aller Australier in nur fünf Städten wohnen. Das bevölkerungsreiche Indien ist hingegen flächendeckend besiedelt.

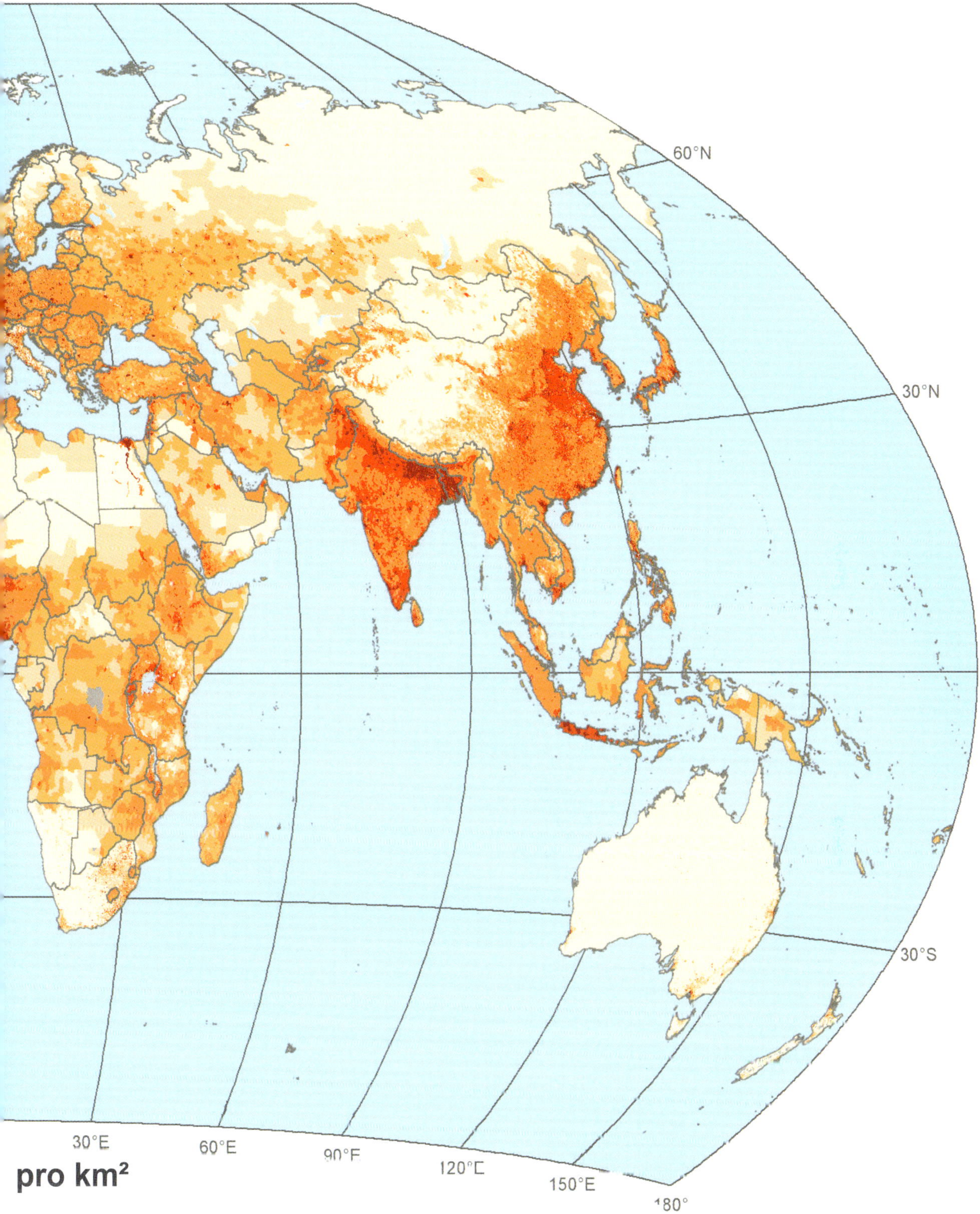

pro km²

250–1,000 >1,000 Keine Daten

ANZAHL DER KONTINENTE

Will man kartografisch darstellen, wie sich die Bevölkerungszahlen auf die einzelnen Kontinente verteilen, muss man erst mal klären, wie viele Kontinente es überhaupt gibt. Das ist gar nicht so selbstverständlich, wie manch einer vielleicht denkt. Je nach Definition der Kontinente gibt es fünf, sechs, sieben oder sogar acht Kontinente.

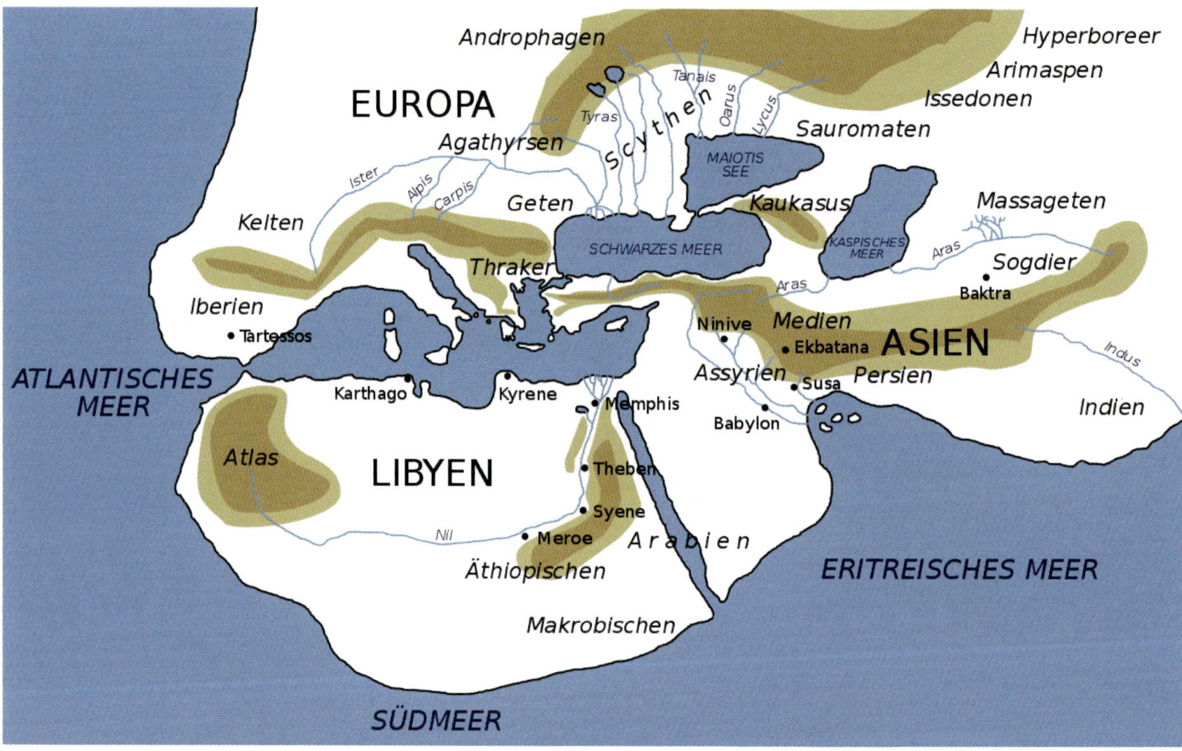

In der antiken Weltanschauung des Geografen Herodot (490–430 v. Chr.) existieren nur drei Kontinente: Europa, Asien und Libyen (was unser heutiges Afrika bezeichnet). Diese Darstellung ist heutzutage veraltet. Ganz streng genommen hat Herodot sogar nur zwei Kontinente anerkannt, da er Libyen als Teil Asiens ansah. Diese Darstellung ist heutzutage natürlich veraltet, schließlich wissen Kartografen heute vom Amerikanischen Kontinent und von Australien.

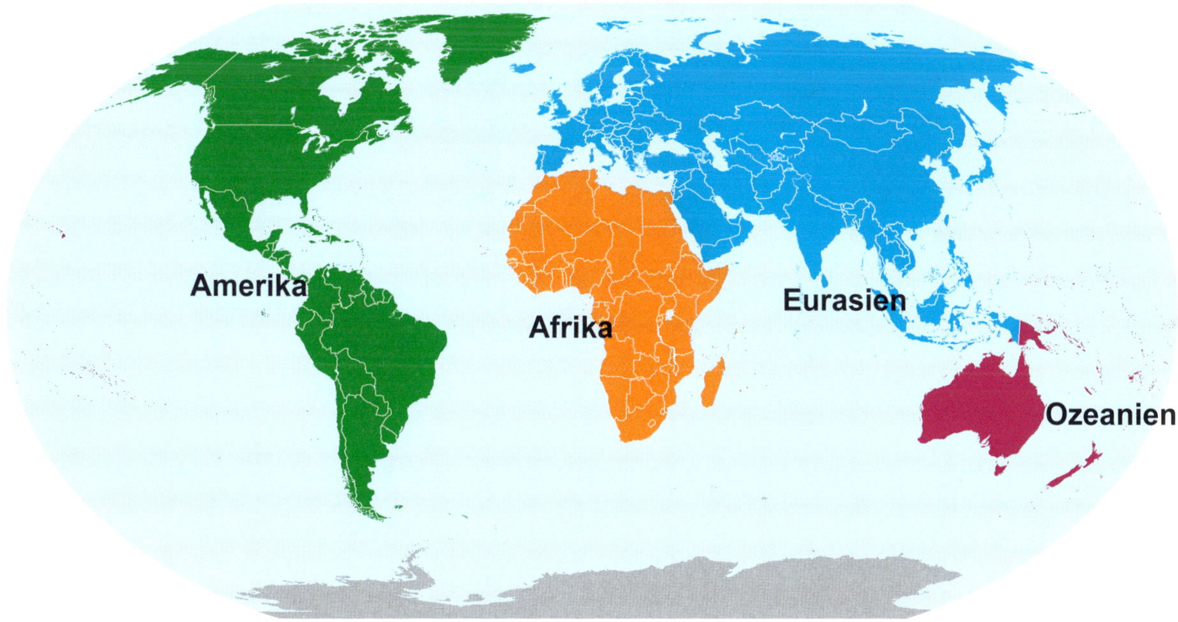

Wie wäre es mit vier Kontinenten? Reichen uns Amerika, Eurasien, Afrika und Ozeanien? Tektonisch ist diese Definition nicht astrein, schließlich besteht Eurasien aus mehreren Platten, von denen Eurasien lediglich die größte ist. Als Europäer fühlt es sich irgendwie komisch an, Europa nicht als Kontinent zu bezeichnen …

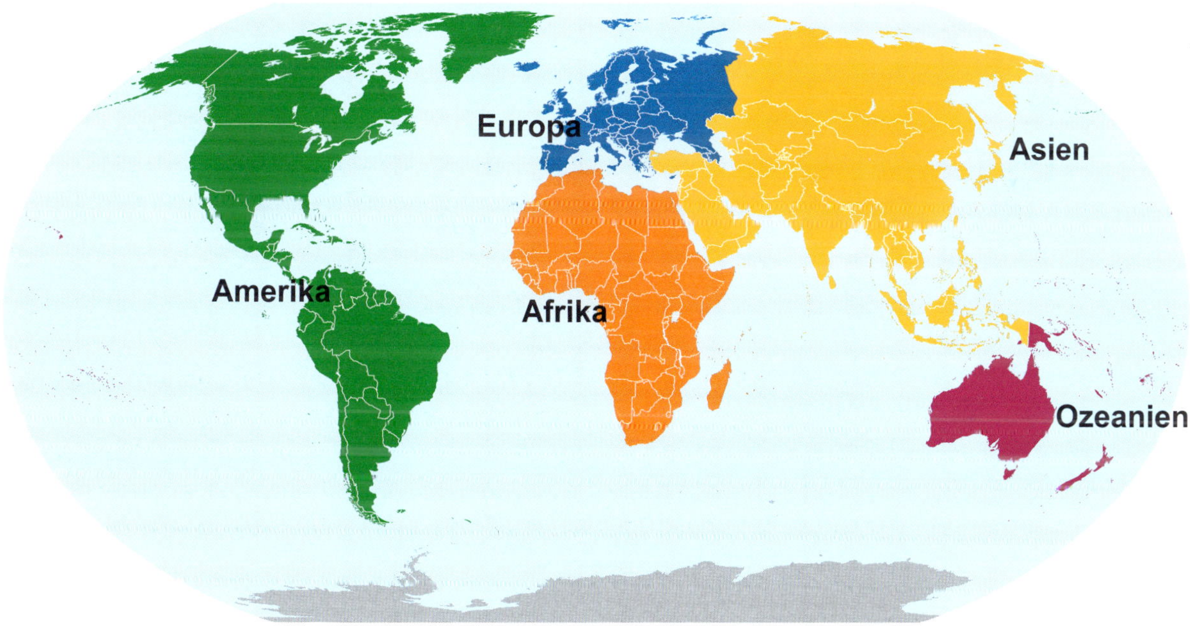

Wenn wir Europa als Kontinent bezeichnen, haben wir die Variante mit fünf Kontinenten, die durch das Logo der Olympischen Spiele popularisiert wurde. Das Logo ist so schön – sollten wir uns da nicht mit fünf Kontinenten zufriedengeben?

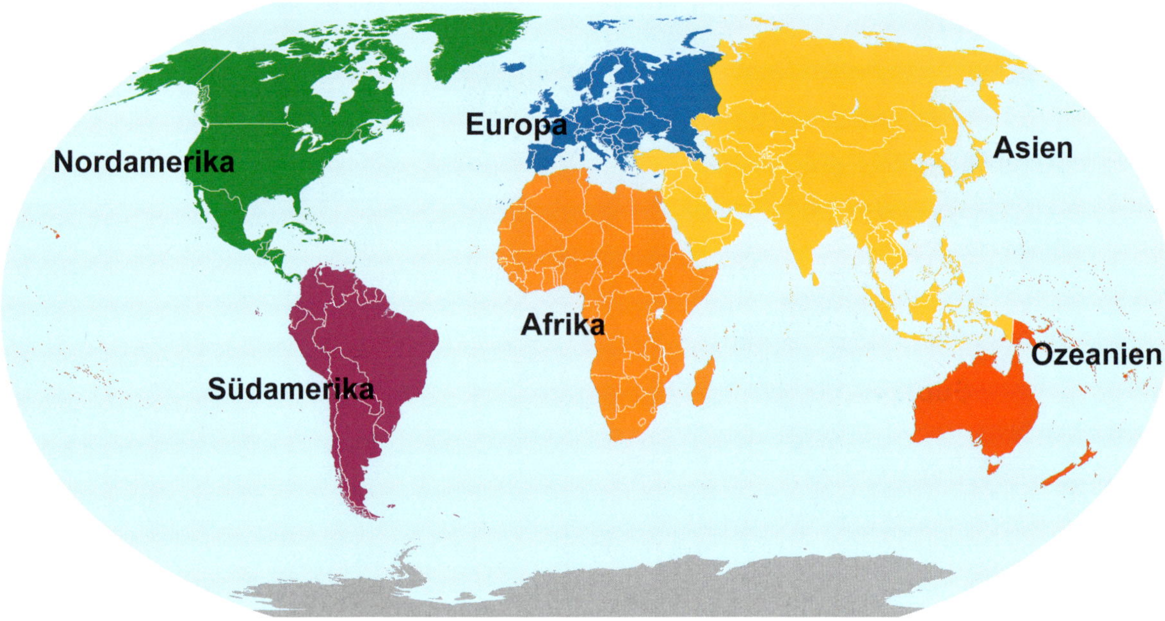

Ist es gerecht, ganz Amerika als einen Kontinent zu bezeichnen? Südamerika ist doch wirklich ganz klar abgetrennt von Zentral- und Nordamerika, oder? So kommen wir dann auf sechs Kontinente.

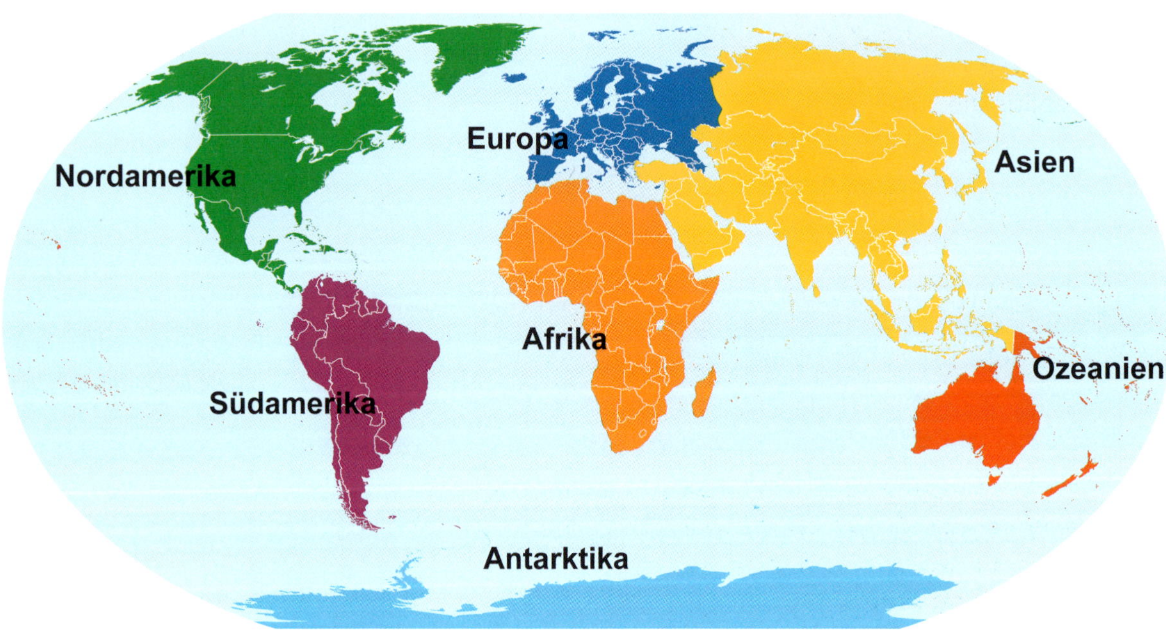

Aber Antarktika nicht mitzuzählen, wäre gemein. Das sind dann insgesamt sieben Kontinente. Jetzt ist aber genug!

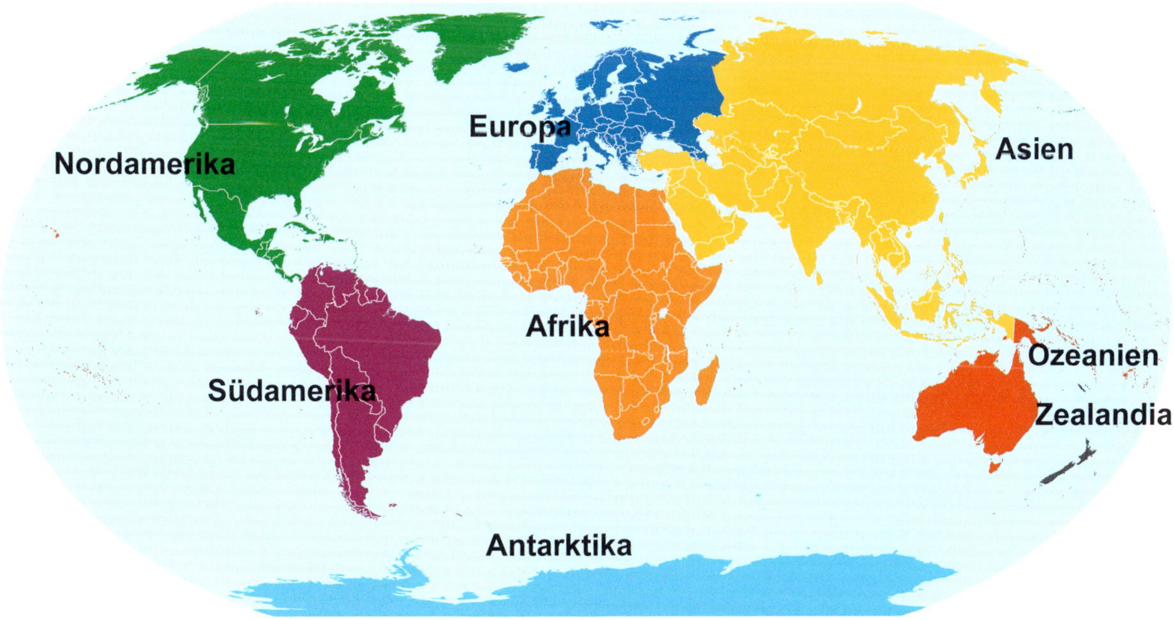

Nicht so schnell, geologisch gesehen haben wir nämlich sogar acht Kontinente. Die kontinentale Kruste, zu der Neuseeland gehört, erfüllt alle wissenschaftlichen Kriterien, um als Kontinent Zealandia (vom englischen *New Zealand*) zu zählen. Nur definieren wir im Alltag Kontinente nicht durch geologische Fakten, sondern über eine kunterbunte Mischung aus kulturellen, geografischen und historischen Zusammenhängen. Am Beispiel der Türkei sieht man gut, wie schwierig es ist, einen Kontinent vom anderen sauber zu unterscheiden. In Frankreich und den ehemaligen französischen Kolonien wird die Türkei für gewöhnlich eher zu Asien gezählt, während in Deutschland die Türkei tendenziell als Teil Europas wahrgenommen wird. Es gibt also politische und tektonische Unstimmigkeiten, wie die Türkei eingestuft werden soll.

Die Definition mit sechs Kontinenten gefällt mir am besten aus dem einfachen Grund, dass es die von den Vereinten Nationen bevorzugte Variante ist. Die besten globalen Bevölkerungsdaten werden von der United Nations Population Division in New York erzeugt. Bei der Darstellung kontinentaler Daten sparen wir uns viel Arbeit, wenn wir einfach die UN-Variante benutzen und somit nicht die Daten von sechs Kontinenten in Daten für fünf oder gar acht Kontinente umwandeln müssen. Manchmal darf man es sich auch einfach machen.

BEVÖLKERUNG PRO KONTINENT 2020

Hier sehen wir die Bevölkerung per (nach UNO definiertem) Kontinent im Jahre 2020. In der westlichen Berichterstattung wird oft ganz Afrika (1,3 Milliarden Einwohner) übersprungen und ganz Asien (4,6 Milliarden Einwohner) wird mit simplen Floskeln (»China ist die neue Weltmacht«) abgekanzelt. Wenn man überlegt, wie viele Menschen in Afrika oder Asien wohnen, erscheint unsere kollektive Ignoranz diesen beiden Kontinenten gegenüber arrogant und naiv. Der kulturelle Westen (Europa, Nordamerika und Ozeanien) macht gerade mal 15 Prozent der Weltbevölkerung aus.

BEVÖLKERUNGSWACHSTUM PRO KONTINENT 2020 BIS 2040

Die Wachstumsprognosen der UNO von 2020 bis 2040 besagen, dass Afrika um genau ein Europa wachsen wird. Das ist so, als würde man ein ganzes Europa an Menschen nach Afrika stecken. Die logistischen Herausforderungen, die sich daraus ergeben, sind immens. Wie können afrikanische Staaten ihren Bürgern ausreichend Strom, Wasser und Bildung bereitstellen? Europa hingegen wird einen Bevölkerungsrückgang zu verzeichnen haben. Wie soll die Wirtschaft in Europa wachsen, wenn die Bevölkerung schrumpft und altert? Betrachtet man nur die globalen Bevölkerungszahlen, kann man vermuten, dass die Wirtschaft in Ozeanien und Nordamerika in den nächsten zwei Jahrzehnten am stabilsten ist. Konstantes, aber nicht massives Bevölkerungswachstum ist ein sicheres Indiz für wirtschaftlichen Aufschwung.

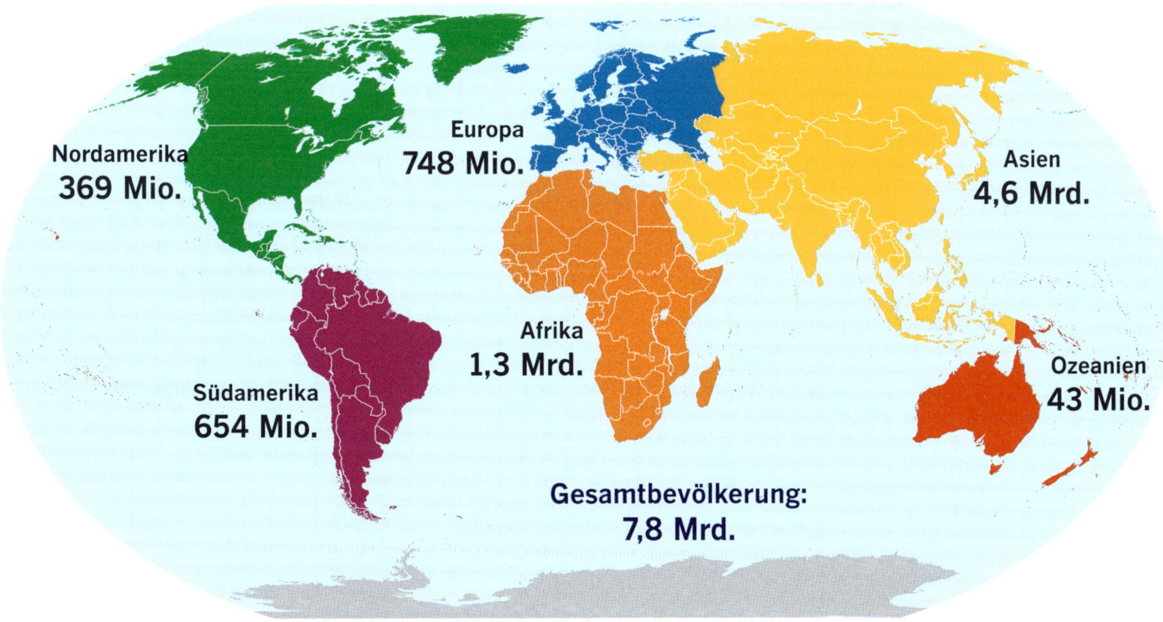
Nordamerika
369 Mio.
Europa
748 Mio.
Asien
4,6 Mrd.
Afrika
1,3 Mrd.
Südamerika
654 Mio.
Ozeanien
43 Mio.
Gesamtbevölkerung:
7,8 Mrd.

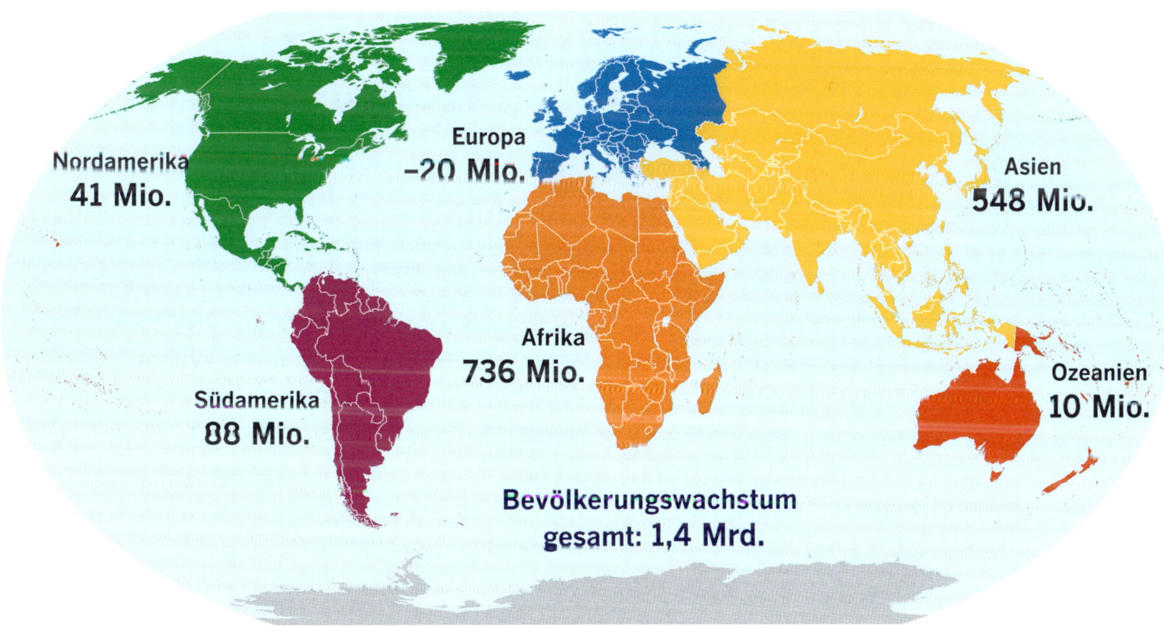
Nordamerika
41 Mio.
Europa
−20 Mio.
Asien
548 Mio.
Afrika
736 Mio.
Südamerika
88 Mio.
Ozeanien
10 Mio.
Bevölkerungswachstum
gesamt: 1,4 Mrd.

BLACK MARBLE

So stellt die US-amerikanische Raumfahrtbehörde NASA die Bevölkerungsdichte unseres Planeten dar. Die »Schwarze Murmel« (Black Marble) wurde aus mehreren nächtlichen Satellitenbildern zusammengesetzt, damit Wolken nicht die Sicht verhüllen. Die globalen Ballungsräume leuchten gelb, die Landmassen erscheinen in Dunkelblau und die Ozeane in Schwarz. Kleine äthiopische Dörfer sind zum Beispiel nicht stark genug beleuchtet, um auf der Karte sichtbar

zu sein. Wir sehen hier also keine perfekte Darstellung der Bevölkerungsdichte, sondern erkennen vielmehr, wo die Menschen wohnen, die sich Nachtbeleuchtung leisten können. Sehr deutlich ist der Kontrast zwischen Arm und Reich auf der Koreanischen Halbinsel zu sehen. Das reiche Südkorea leuchtet in prallem Gelb, wohingegen die gut 25 Millionen Menschen im armen Nordkorea fast vollkommen in nächtlichem Schwarz liegen. In Ägypten lebt die Bevölkerung entlang des Nils, der brasilianische und der afrikanische Urwald um den Äquator sind weitgehend unbesiedelt und in tiefstes Schwarz gehüllt, Australien ist der am dünnsten besiedelte Kontinent, Hawaii und die Kanarischen Inseln sind als Lichtpunkte im Ozean zu erkennen.

MEHR MENSCHEN WOHNEN INNERHALB DES KREISES ALS AUßERHALB

Die Menschen auf der Erde sind ungleich verteilt. Es leben mehr Menschen innerhalb des blauen Kreises als außerhalb. Anders ausgedrückt: Dass ein Mensch außerhalb dieses Kreises

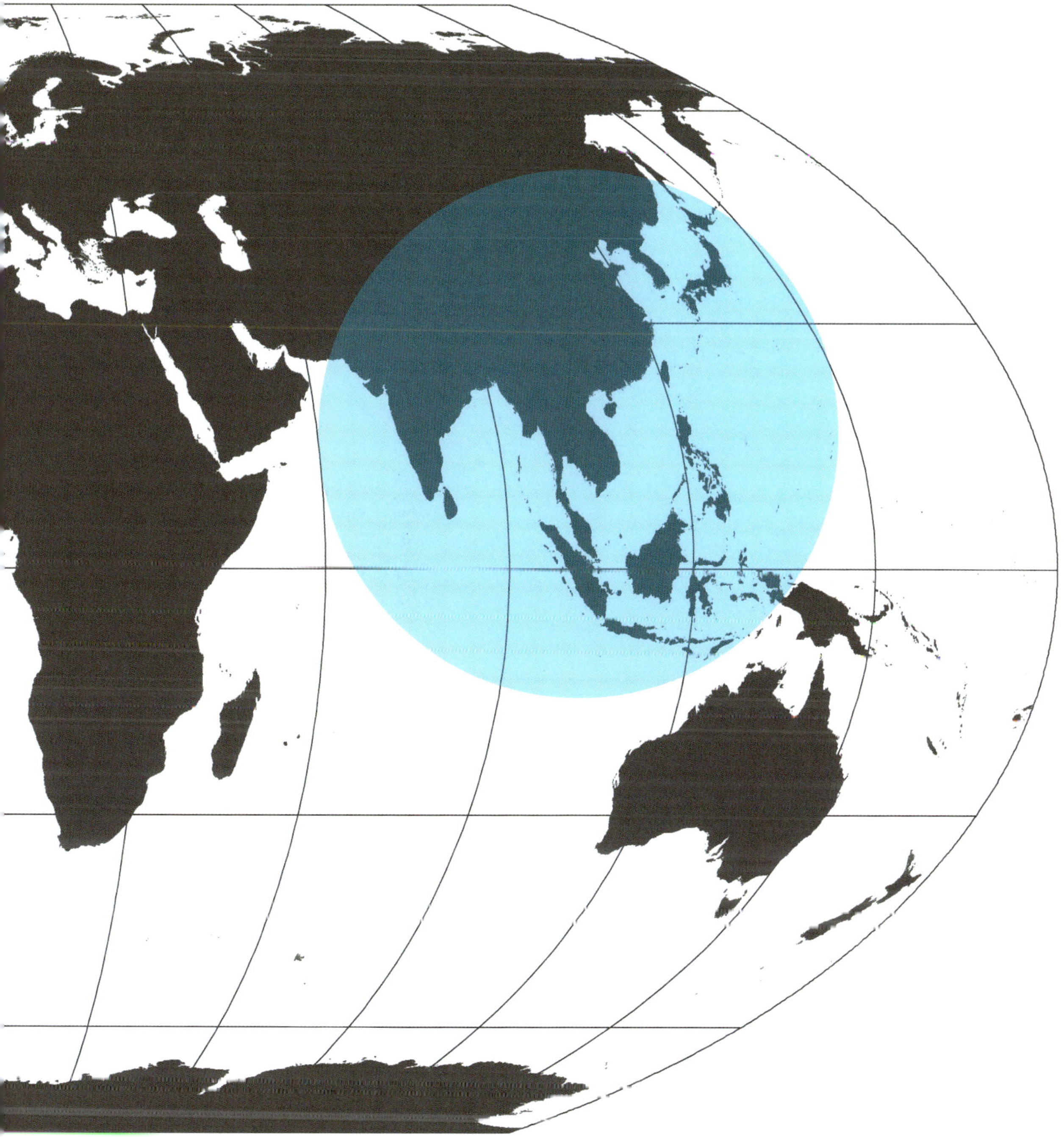

geboren wurde, ist statistisch unwahrscheinlich. Und auch innerhalb des Kreises ist die Verteilung alles andere als ausgeglichen: Der Kreis schließt viel Wasser, Wüste und Hochgebirge ein. Aber eben auch Millionenstädte in China und Indien sowie Indonesien und Japan.

GLOBALE MEGATRENDS

Bleiben wir noch ein wenig bei den Karten, die die Welt im Großen und Ganzen darstellen. Eine schöne Übung ist es, sich mehrere Karten der gleichen Geografie anzusehen, um Muster zu erkennen und über Zusammenhänge zu spekulieren.

Natürlich gibt es nicht den einen richtigen Weg, die Welt zu betrachten. Vielmehr geht es darum, die einzelnen Karten und punktuellen Informationen zu einem größeren und komplexeren Weltbild zusammenzuführen.

Auf den folgenden Seiten betrachten wir ein paar ausgewählte Weltkarten die, wenn zusammengenommen, in der Lage sind, unser Weltbild nachträglich zu verändern. Diese Karten betrachten die Welt aus unterschiedlichsten Perspektiven. Mal wird die Gegenwart dargestellt, mal die Vergangenheit und einmal wird wild in die Zukunft spekuliert. Wie wir diese Karten deuten, hängt von unseren Fachkenntnissen, unserer Sozialisierung, unserem Weltbild ab.

Basierend ausschließlich auf den hier dargestellten Karten. Wo würden Sie am liebsten wohnen? Wo wird die Wirtschaft in den nächsten Jahren stabil sein und wo riskieren Investoren alles? Die Karten können solche Fragen zwar nicht vollständig beantworten, Ihnen aber vielleicht neue Blickwinkel auf die Welt bieten.

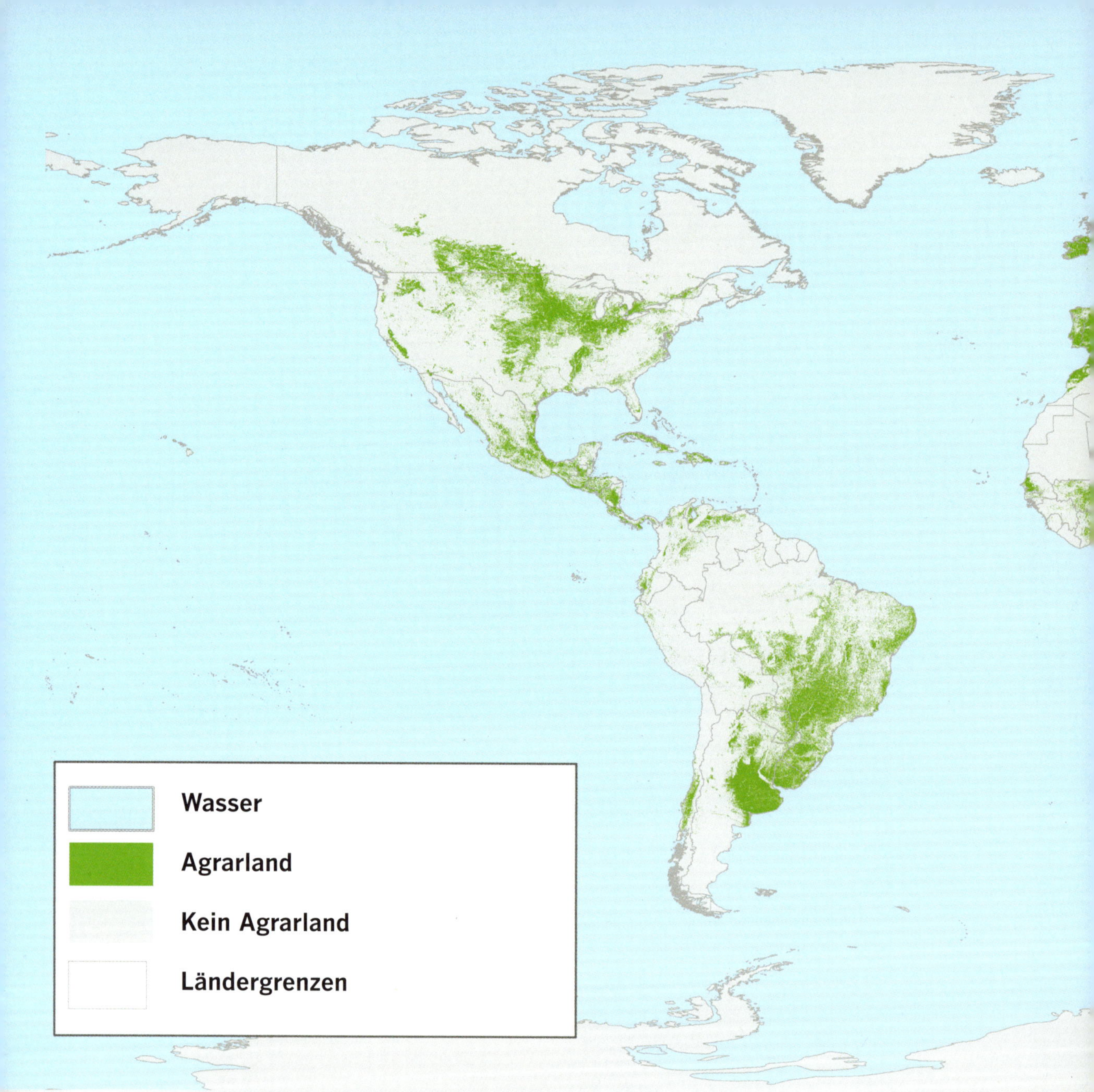

AGRARLAND

Die Karte zeigt die globale Ackerfläche, die uns zur Verfügung steht. In vielen Regionen konkurrieren expandierende Städte mit dem besten Ackerland. Ein Blick auf das schnell wachsende Indien, die chinesische Ostküste und die expandierenden Großstädte in Europa machen diesen Konflikt deutlich. In vielen Gebieten wurden die natürlichen Grenzen der Landwirtschaft durch den Menschen erweitert. So finden sich inmitten der Wüste Saudi-Arabiens so viele Felder, die

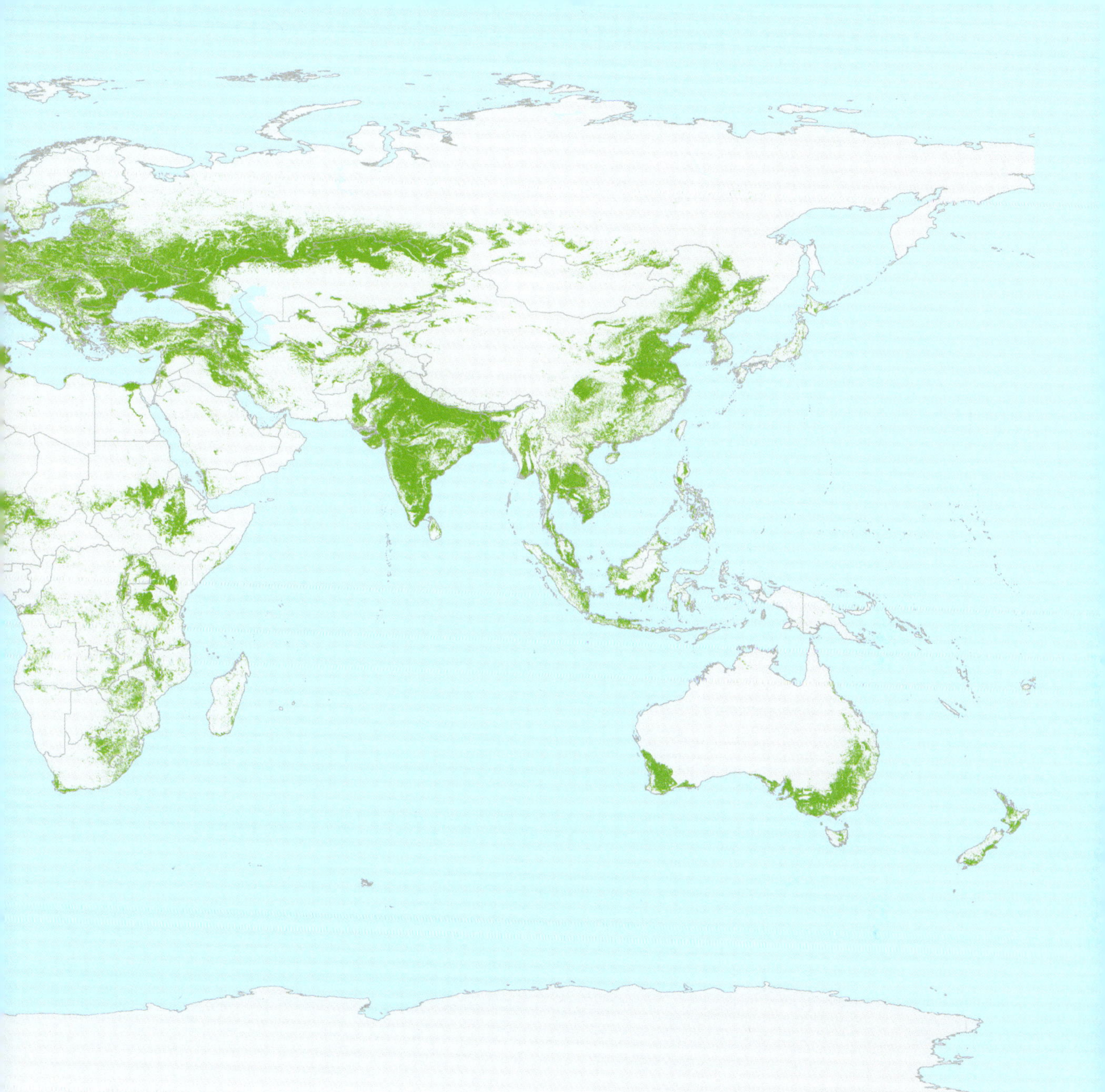

künstlich bewässert werden, dass man sie selbst auf einer Weltkarte erspähen kann. Das Wasser hierzu kommt aus einem sehr begrenzten Grundwasservorkommen und wird bald zur Neige gehen. Der Wüstenstaat investiert heftig in Meerwasserentsalzungsanlagen, aber die Wassermengen, die so erzeugt werden können, reichen nicht aus, um die wasserintensive Weizenproduktion aufrechtzuerhalten. In der Landwirtschaft ist es nach wie vor am einfachsten, auf bestehenden fruchtbaren Böden anzubauen. Daher sind der Schutz und die Wiederherstellung solcher Flächen entscheidend. In Afrika trifft hohes Bevölkerungswachstum auf relativ wenig Ackerfläche. Hier ist intelligentes Landmanagement über die nächsten Jahrzehnte besonders wichtig.

GLOBALE SCHIFFSROUTEN BIS 1860

Auf diesen Karten sind die Koordinaten von historischen Schiffsrouten visualisiert. Ben Schmidt, ein Assistenzprofessor an der Northeastern University in Boston/USA, hat Millionen von einzelnen Koordinaten aus Abertausenden von historischen Schiffslogbüchern analysiert.

Der erste Zeitabschnitt zeigt globale Schiffsrouten bis zum Jahre 1860. Die Verbindungen zwischen Europa und den USA sind deutlich zu erkennen. Unterhalb der Südspitze Afrikas ist die Route entlang der sogenannten »Roaring Forties«. Diese bezeichnen die Westwindzone zwischen dem vierzigsten und dem fünfzigsten Grad südlicher Breite. Ganzjährig wehen hier starke Winde aus westlicher Richtung und bedingen unbeständiges Wetter, Regen sowie hohen Seegang. Im Bereich der Roaring Forties gibt es nur wenig Land zum Anhalten (Tasmanien, die Südinsel Neuseelands und Patagonien), was die Route sehr gefährlich machte. Dafür kam man relativ schnell voran, zumindest solange man mit dem Wind segelte.

GLOBALE SCHIFFSROUTEN 1945 BIS 2000

Die Karte der Routen von 1945 bis 2000 zeigt, wie sehr sich die Welt verändert hat. Eine größere, reichere und besser vernetzte Weltbevölkerung treibt mehr Handel. Die Schifffahrt ist zuverlässiger, da Segelschiffe durch ölbetriebene Schiffe ersetzt wurden. Außerdem haben zwei der größten und beeindruckendsten Bauprojekte der letzten 200 Jahre den Schiffsverkehr geprägt: Der Suezkanal in Ägypten wurde 1869 eröffnet und der Panamakanal im Jahr 1914. Keiner fährt mehr auf den Roaring Forties und am Kap Hoorn muss auch keiner mehr vorbei.

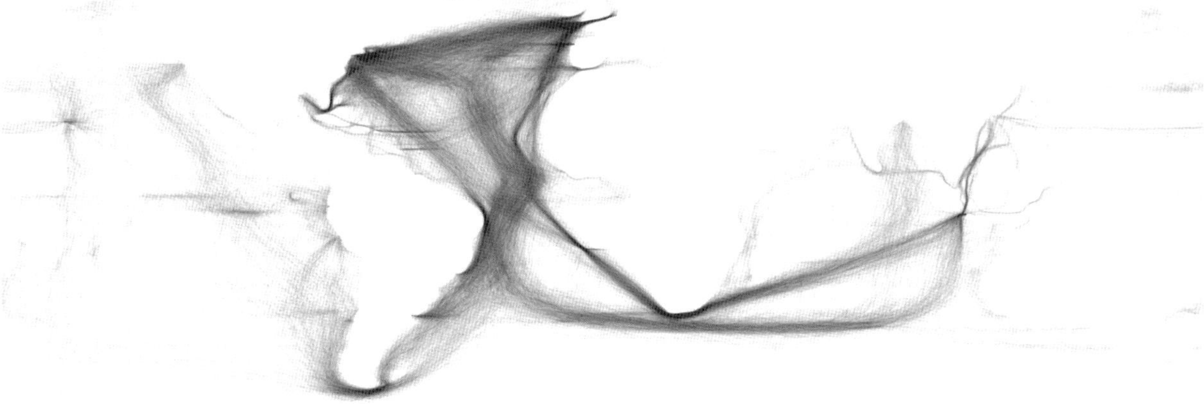

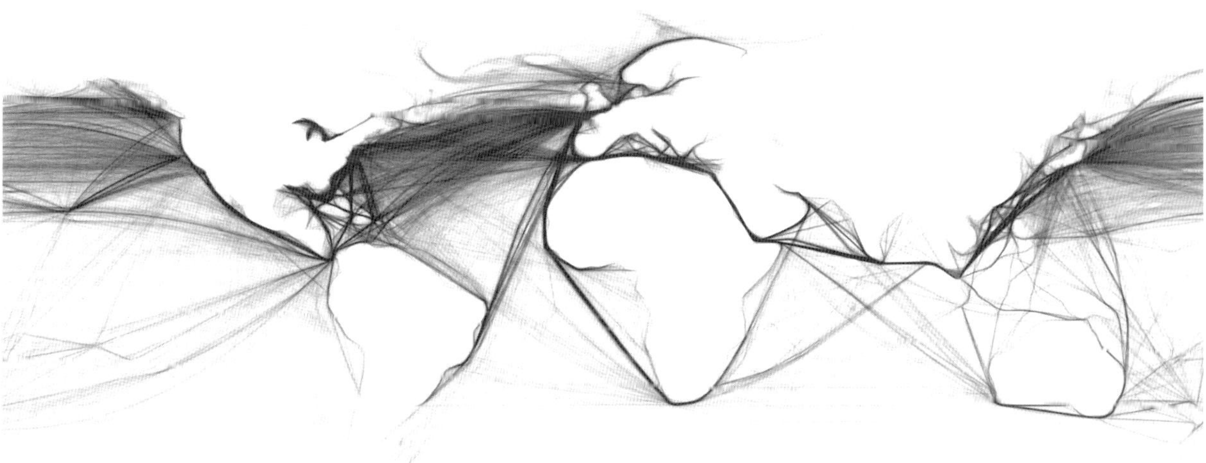

ERDBEBEN

Über 80 Prozent aller Erbeben finden entlang des sogenannten Pazifischen Feuerrings statt. Diese Karte zeigt alle Erdbeben der letzten 100 Jahre rund um den Pazifik. Die geografische Lage hat einen maßgeblichen Einfluss auf ein Land. Neuseeland hat zum Beispiel wegen seiner Lage auf dem Pazifischen Feuerring ganz andere architektonische und infrastrukturelle Risikofaktoren zu bedenken als das benachbarte Australien.

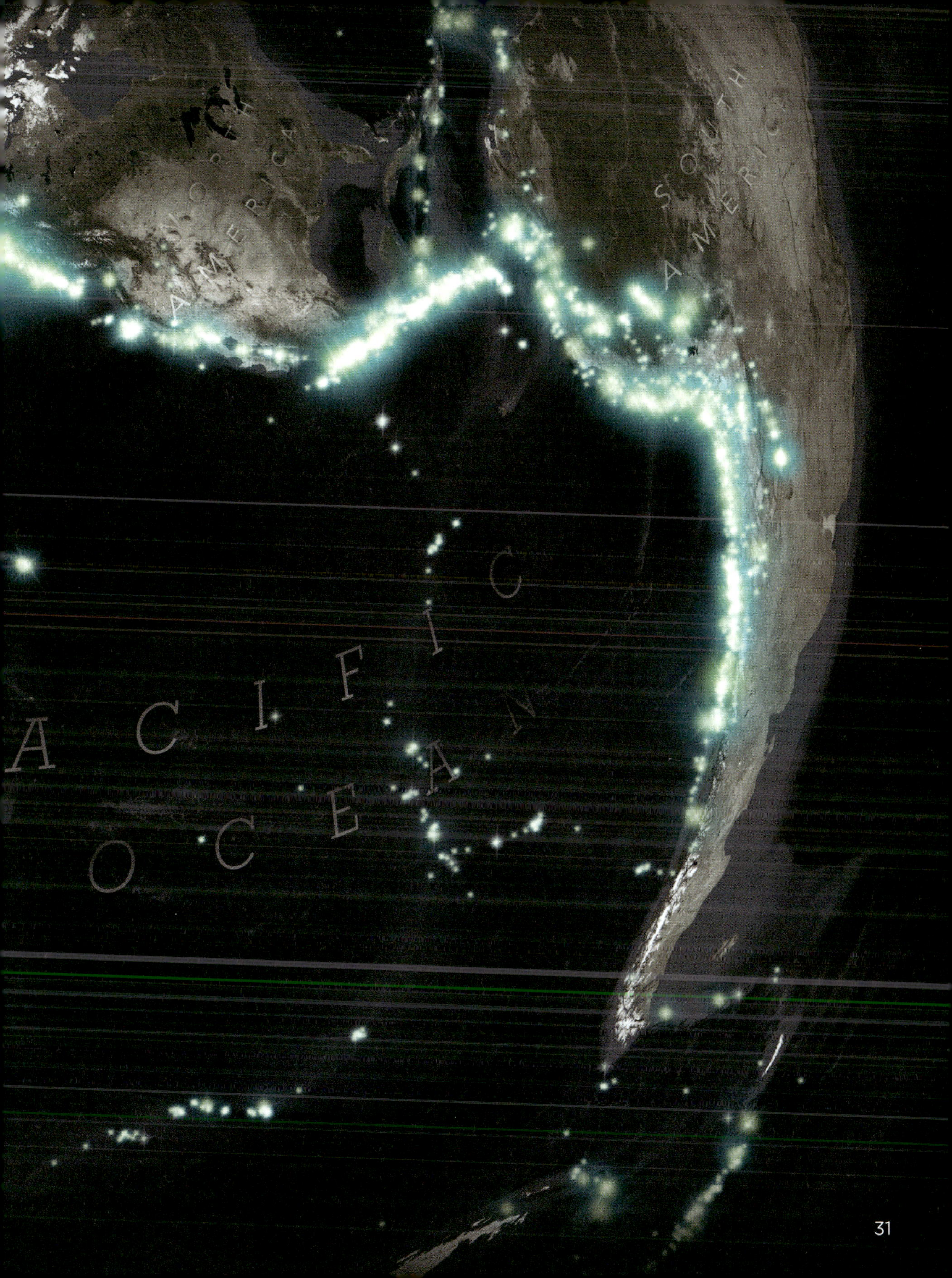
NORTH AMERICA
SOUTH AMERICA
ACIFIC
OCEAN

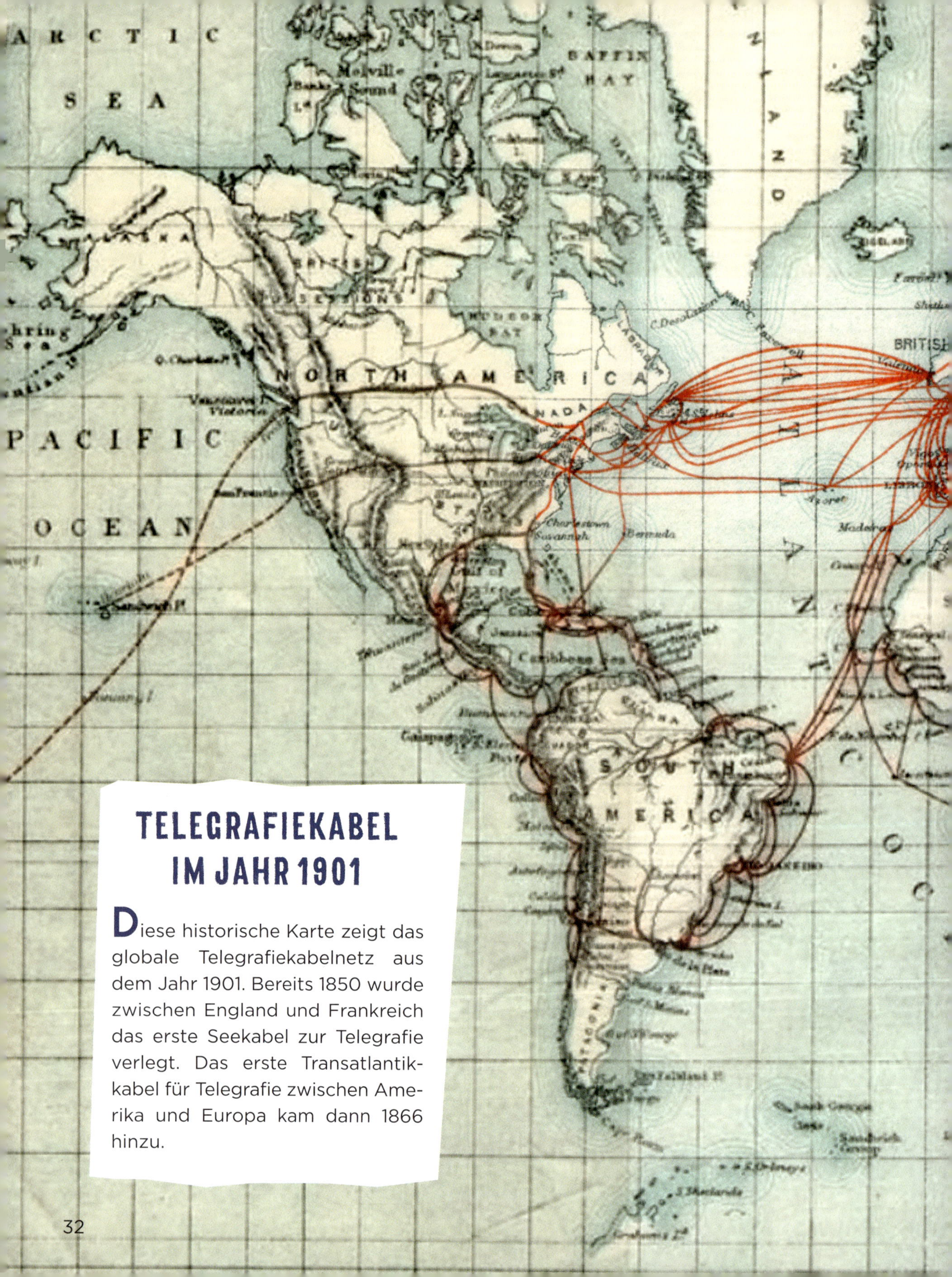

TELEGRAFIEKABEL IM JAHR 1901

Diese historische Karte zeigt das globale Telegrafiekabelnetz aus dem Jahr 1901. Bereits 1850 wurde zwischen England und Frankreich das erste Seekabel zur Telegrafie verlegt. Das erste Transatlantikkabel für Telegrafie zwischen Amerika und Europa kam dann 1866 hinzu.

Liakhov Is
or New Siberia
Kara Sea
LAPLAND
FINLAND
RUSSIAN EMPIRE
SIBERIA
Arctic Circle
Sea of
Okhotsk
TARTARY
CHINESE EMPIRE
PERSIA
EGYPT
Tokyo
PACIFIC
OCEAN
Philippine Is
INDIAN
OCEAN
Tropic of Capricorn
NEW GUINEA
Solomon
Coral Sea
WESTERN AUSTRALIA
SOUTH AUSTRALIA
QUEENSLAND
NEW SOUTH WALES
SYDNEY
TASMANIA
NEW ZEALAND
Crozet Is
Pr. Edward Is
Kerguelen
Heard or McDonald I

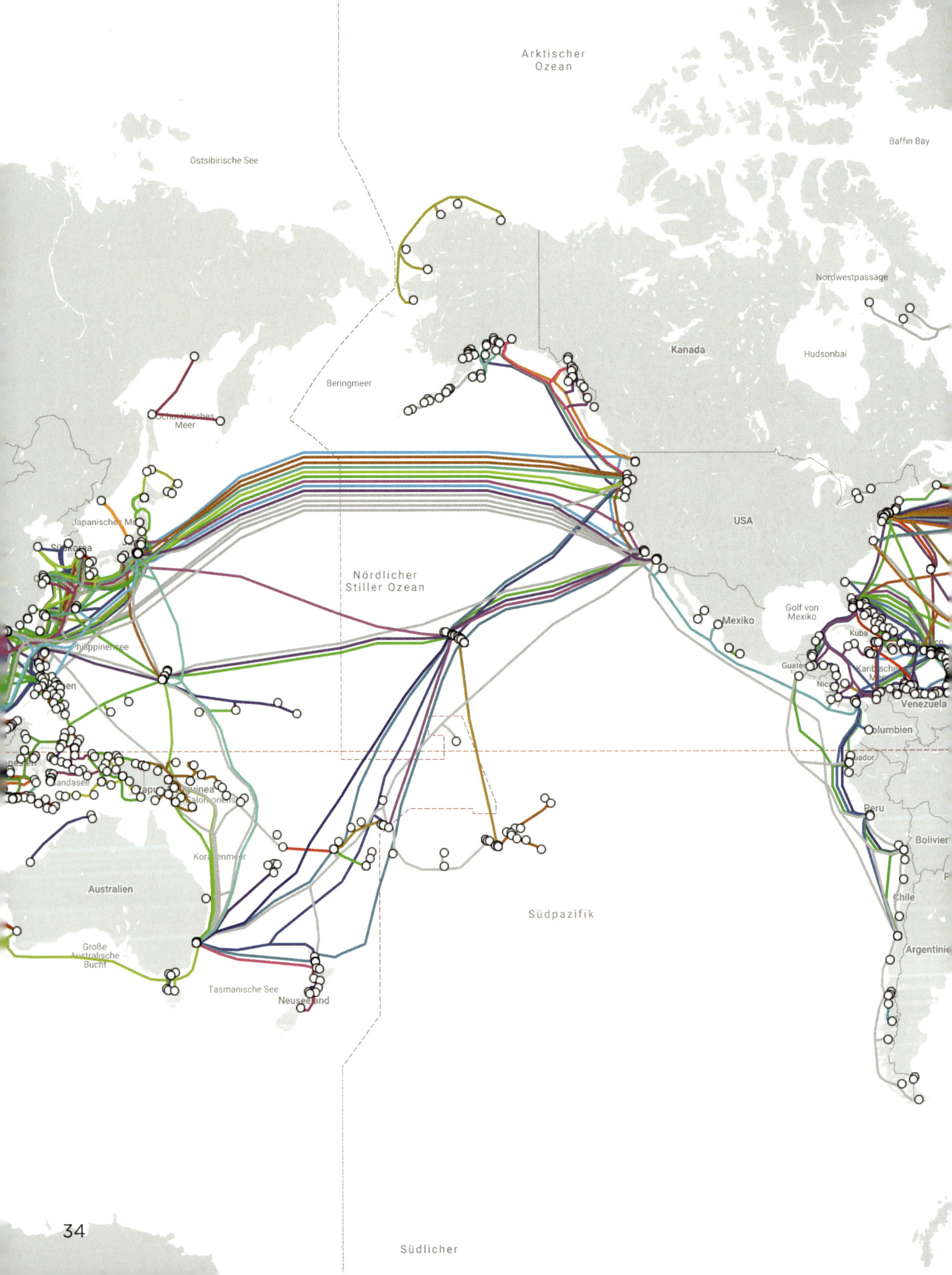

Arktischer Ozean
Ostsibirische See
Baffin Bay
Nordwestpassage
Kanada
Hudsonbai
Beringmeer
USA
Nördlicher Stiller Ozean
Golf von Mexiko
Mexiko
Kuba
Venezuela
Peru
Chile
Australien
Große Australische Bucht
Tasmanische See
Südpazifik
Südlicher

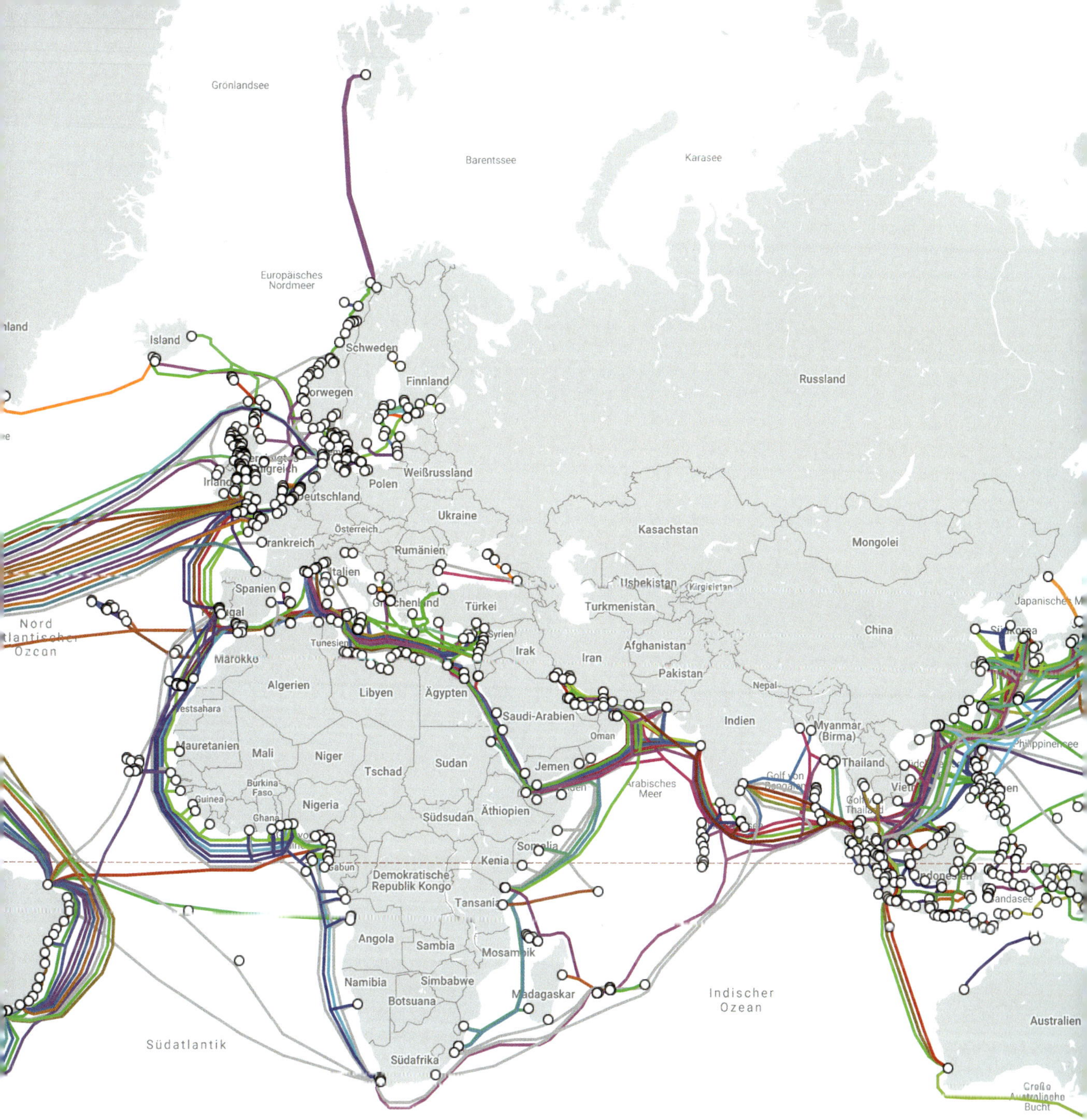

UNTERWASSER-INTERNETKABEL

Tiefseekabel ermöglichen unsere globale Kommunikation. Die Stärke des Datenaufkommens zwischen zwei Wirtschaftsräumen spiegelt die Wichtigkeit der wirtschaftlichen Beziehungen wider. Zwischen der nordamerikanischen Ostküste und Europa und der nordamerikanischen Westküste und China beziehungsweise Japan herrscht besonders reger Datenverkehr.

GLOBALE FLUGVERBINDUNGEN

Diese Karte stellt die globalen Flugverbindungen dar. Der Schweizer Kartograf Martin Grandjean visualisiert die Anzahl der Flugverbindungen pro Flughafen durch die Größe der Kreise und die Flugverbindungen durch dünne Linien. Die Farbe der Kreise zeigt den Längengrad des Flughafens an und hat eine rein optische Funktion.

Skandinavien/
Großbritannien/
Nordrussland/Grönl
Verdichtete Städte bestehen
aus Hochhäusern bieten ein
Zuhause für den Großteil der
Weltbevölkerung.
Grönland
Grönlands Eisdecke
schmilzt rapide.
Arktispassage
Ohne Meereis ist die Schifffahrtsroute
das ganze Jahr geöffnet und bietet
so Transportverbindungen zwischen
bewohnbaren Gegenden in
Kanada und Russland.
Kanada
Zuverlässige Niederschläge
und höhere Temperaturen
bieten ideale Anbaubedingungen
für den Großteil der weltweiten
Subsistenzwirtschaften.
Nordafrika/Mittlerer
Osten/Süden der USA
Ein Solarenergiegürtel erstreckt
sich über Tausende von Kilome-
tern, der eine Mischung aus
Photovoltaik und Solarthermie
nutzt. In regelmäßigen
Abständen sendet ein
Hochspannungs-Gleich-
stromkraftwerk Strom
nach Norden.
Südwesten der USA
Aufgrund von Wüstenbildung
wandern die letzten Bewohner
dieser Region nach Norden ab.
Der Colorado River ist nur ein
kleines Rinnsal. Das Gebiet wird für
Solarwirtschaft und Geothermie genutzt.
Amazonas
Wüste
Afrika
Hauptsächlich Wüste,
obwohl einige Modelle
ein Ergrünen des
Sahels zeigen.
Peru
Durch Entgletscherung trockene
und unbewohnbare Gegend.
Patagonien
Geschmolzene Gletscher legen
eine neue kultivierbare Zone frei,
obwohl die armen Böden aufbereitet
werden müssen.
West-Antarktika
Nicht wiederzuerkennen.
Dicht besiedelt mit Hochhausstädten.
© Connectography (2016) by Parag Khanna
Nahrungsanbau/dichte Städte bestehend aus Hochhäusern
Unbewohnbare Wüstengegend
Unbewohnbar durch Fluten, Dürre oder extreme Wetterbedingungen
Aufforstungspotenzial
Landverlust durch steigenden Meeresspiegel, von einem Anstieg von zwei Metern ausgehen

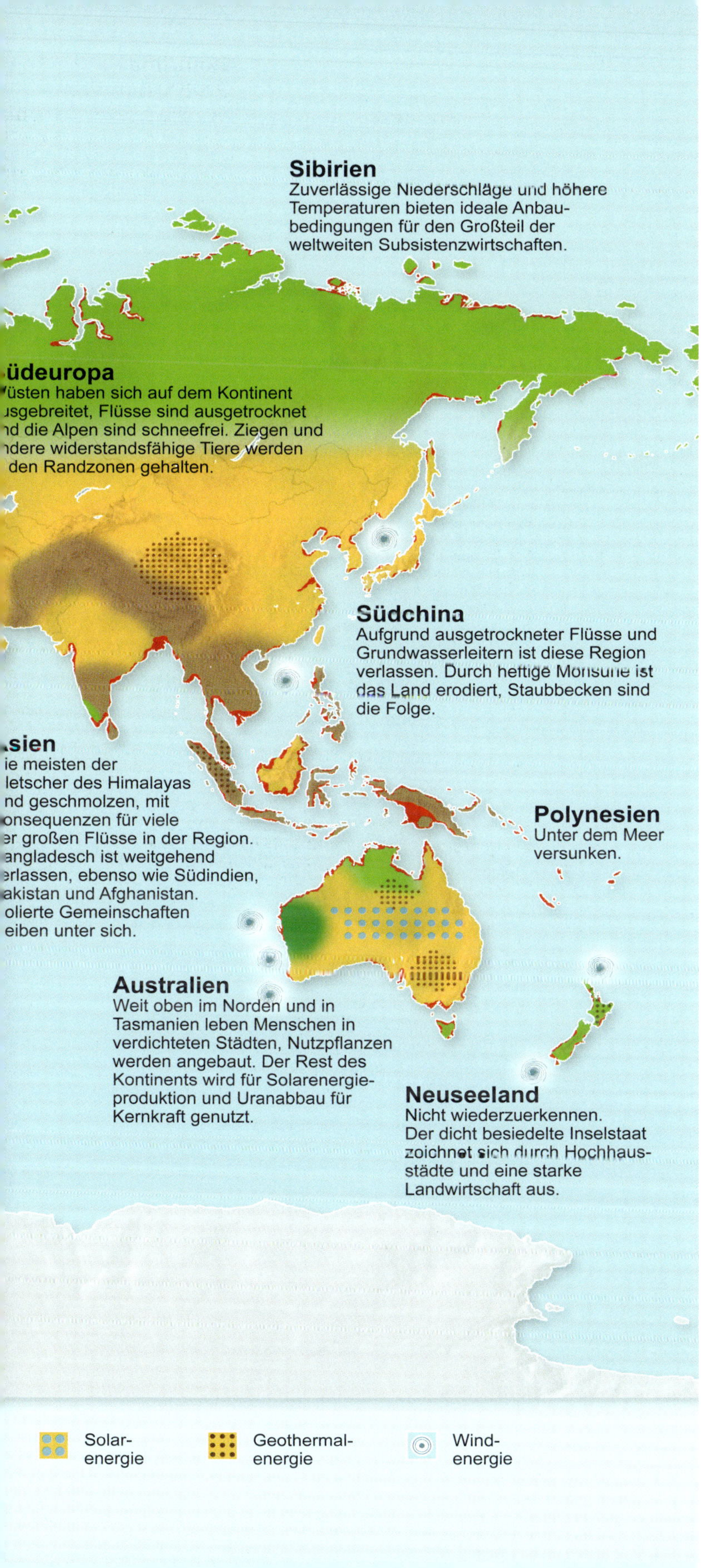

GLOBALE FOLGEN DES KLIMAWANDELS

Der geopolitische Strategieberater Parag Khanna zeigt anhand dieser Karte die Folgen einer extremen Erderwärmung von +4 Grad Celsius. Massive Klimaveränderungen haben nicht ausschließlich negative Folgen für jede Region. Lokale Investoren könnten durchaus vom Klimawandel profitieren. Wer zum Beispiel Weizen in Sibirien anbauen möchte, freut sich, wenn der Boden auftaut und mehr Nutzland entsteht. Und weniger Eis in der Arktis bietet Schiffen eine arktische Abkürzung.

Insgesamt überwiegen aber die negativen Konsequenzen. Durch Desertifikation wird Agrarwirtschaft in Südeuropa, einem Großteil der USA und südlich der Sahara fast unmöglich. Das gefährdet die Ernährung von Millionen und birgt das Risiko von gigantischen Flüchtlingsströmen und menschlichem Leid.

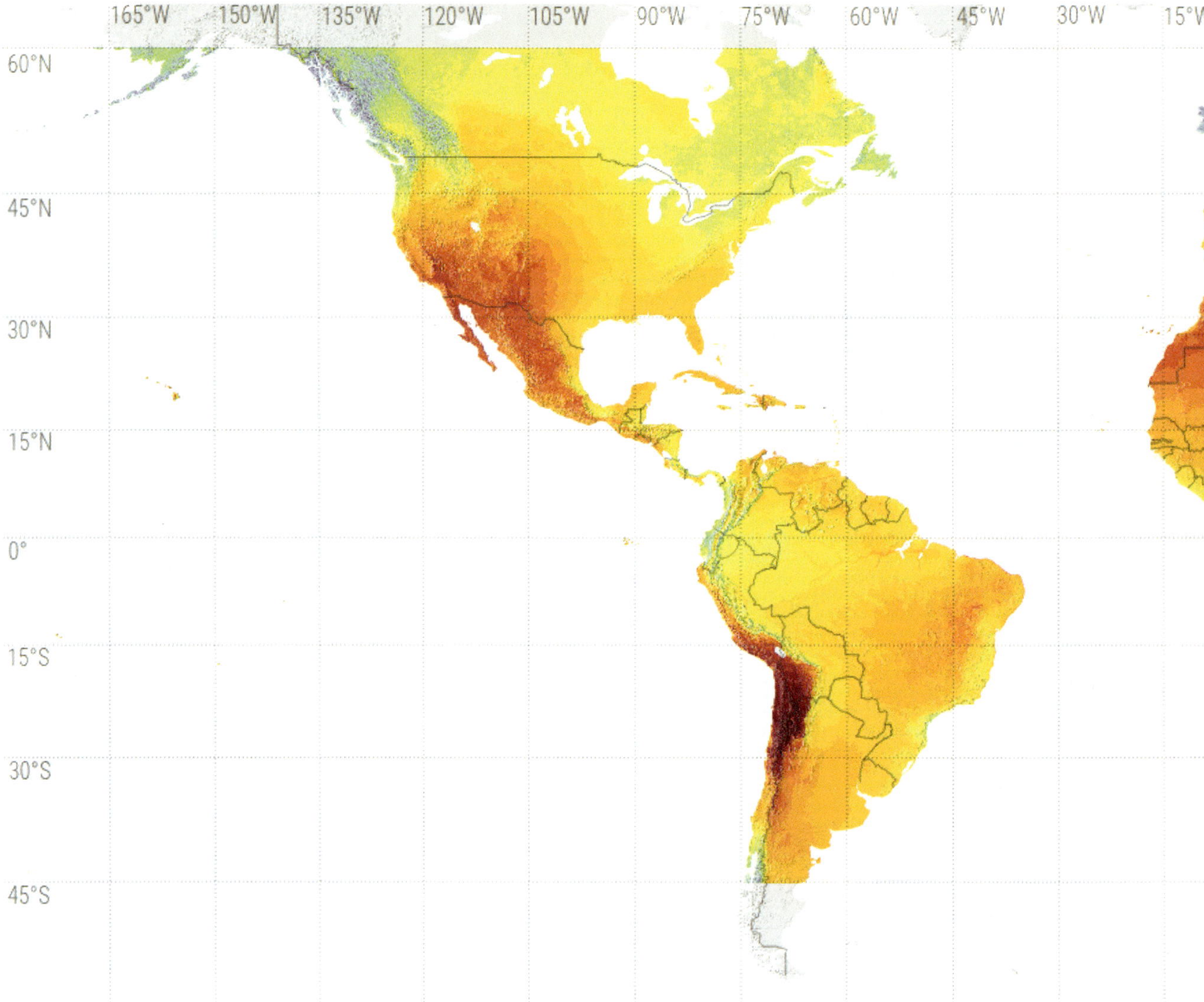

Jährliches Potenzial für photovoltaische Energiegewinnung im langjährigen Mittel

Pro Tag:	2.0	2.4	2.8	3.2	3.6	4.0
Pro Jahr:	736	876	1022	1168	1314	1461

SONNENENERGIE

Wir haben noch immer die Möglichkeit, der Desertifikation und dem Klimawandel entgegenzutreten. Eine Maßnahme ist der Umstieg von fossilen Brennstoffen auf erneuerbare Energiequellen. Solarenergie kann uns helfen, unseren Strom nachhaltiger zu erzeugen. Die Karte zeigt das jährliche Potenzial für photovoltaische Energiegewinnung. Wer schon einmal durch irgend-

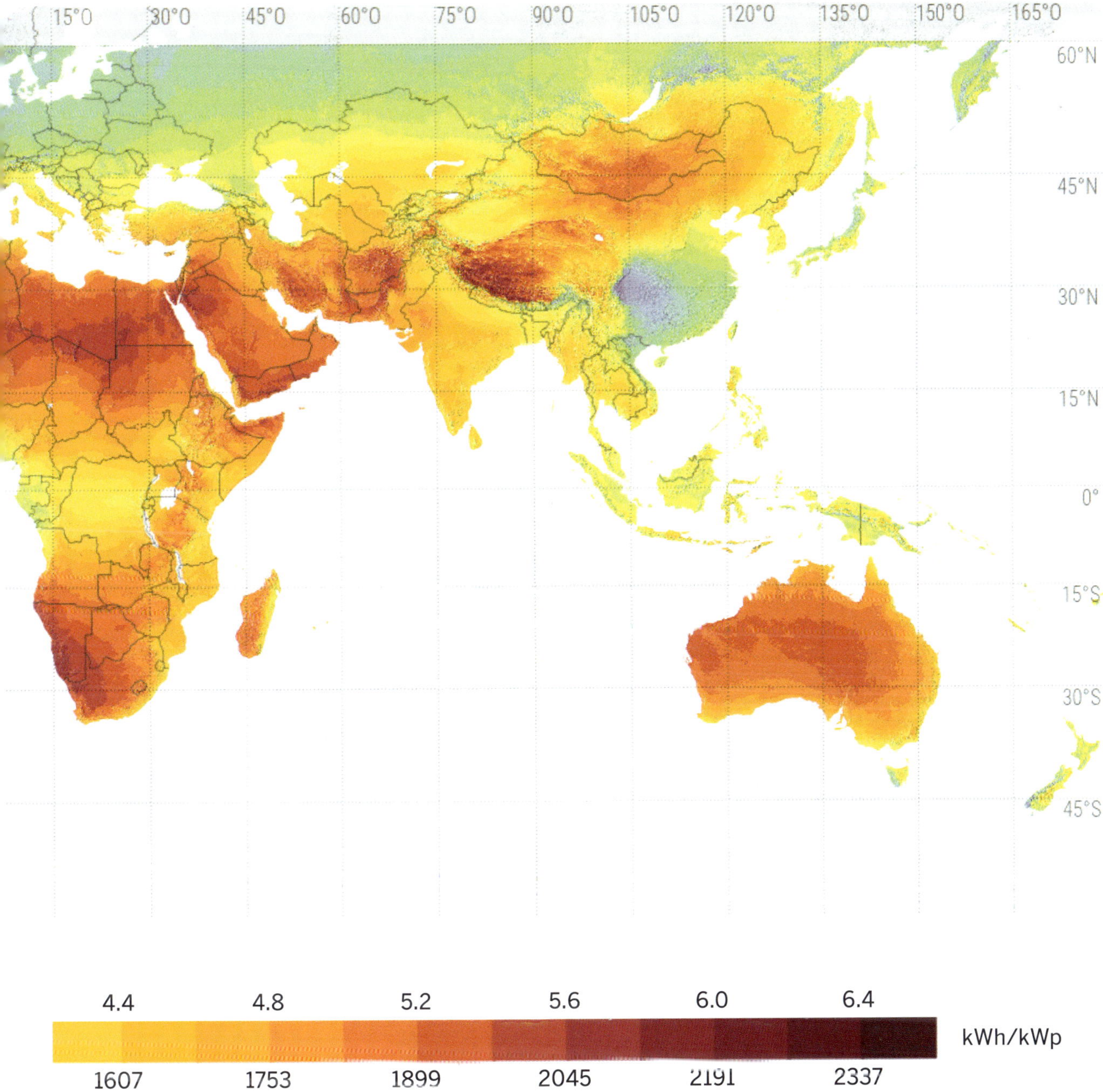

ein süddeutsches Dorf (hellgrün auf der Karte) gefahren ist und all die Solaranlagen auf den Dächern von Wohnhäusern und Scheunen bewundert hat, der fällt aus allen Wolken, wenn er durch Australien oder Südamerika reist und kaum Solaranlagen sieht. Solare Warmwasseranlagen und photovoltaischer Strom könnten hier viel effektiver genutzt werden als in Deutschland.

REISELUST

Wenn ich an meine Schul- und Jugendzeit zurückdenke, weiß ich nicht mehr, was zuerst da war: meine Faszination für Karten oder meine Reiselust. Die zwei Vorlieben haben sich auf jeden Fall gegenseitig hochgeschaukelt. Nachdem ich lang genug im Atlas geblättert hatte, wollte ich einfach in die große weite Welt hinaus.

Auf Karten geht es wie beim Reisen oft in irgendeiner Form darum, Grenzen zu erkunden und zu überschreiten. Karten versprechen uns solche Erfahrungen, persönliches Wachstum und persönliche Grenzerfahrungen. Es sind diese Versprechen, die Karten so attraktiv machen. Eine Karte lässt die Welt erahnen und weckt die eigene Abenteuerlust und die Sehnsucht und ist dennoch kein Ersatz für die Reise.

Doch auch auf dem heimischen Sofa kann man anhand von Karten Landesgrenzen überqueren, in unbekannte Gebiete vordringen und neue Erfahrungen machen.

In diesem Kapitel sind wir mit dem Flugzeug, dem Auto, per Fahrrad und per Anhalter unterwegs und reisen sogar mit Charles Darwin durch die Vergangenheit. Dabei kommen auch praktische Aspekte für eine echte Reise – zum Beispiel Steckdosenadapter und Geschwindigkeitsbegrenzungen – nicht zu kurz.

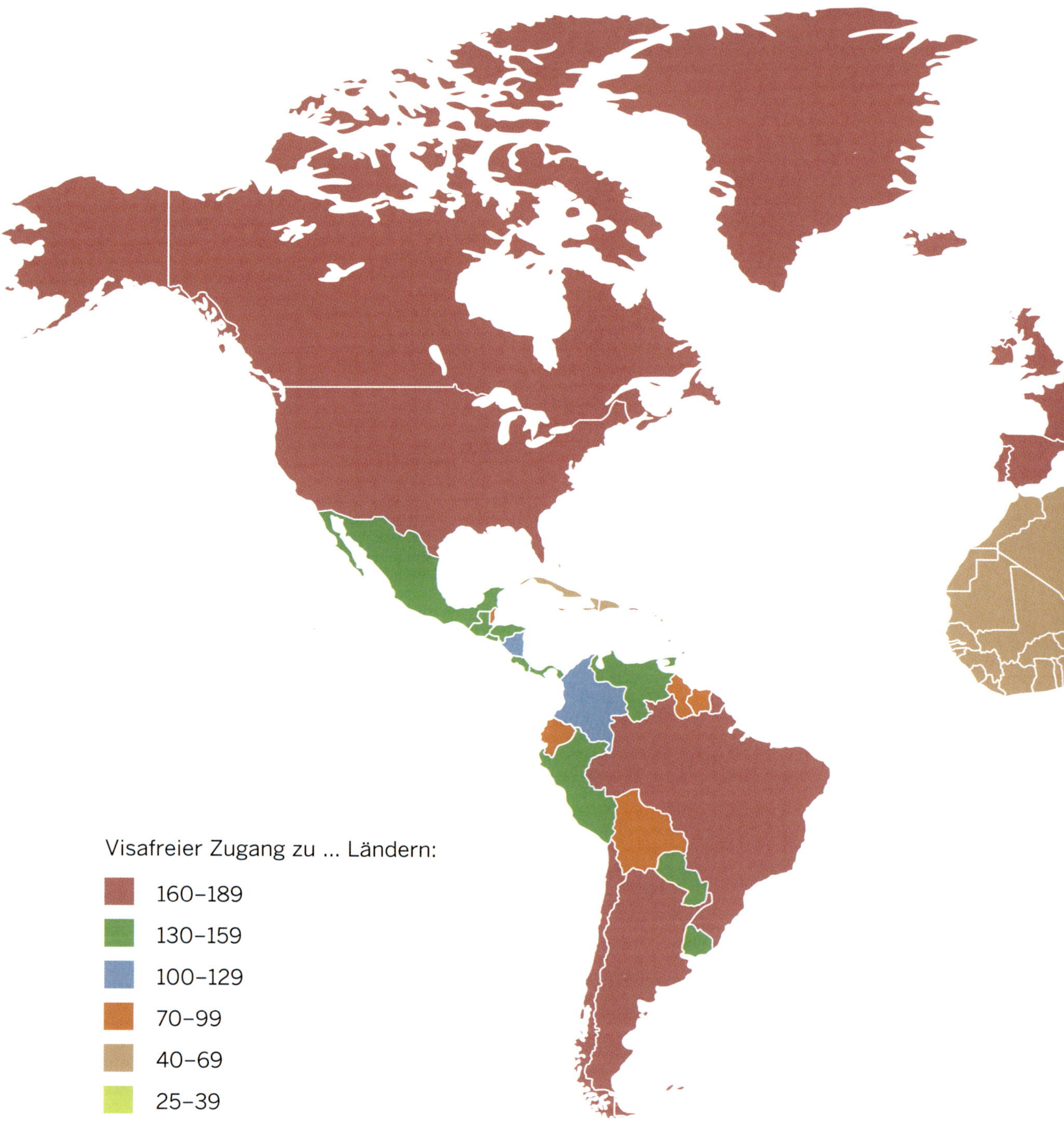
Visafreier Zugang zu ... Ländern:
160–189
130–159
100–129
70–99
40–69
25–39

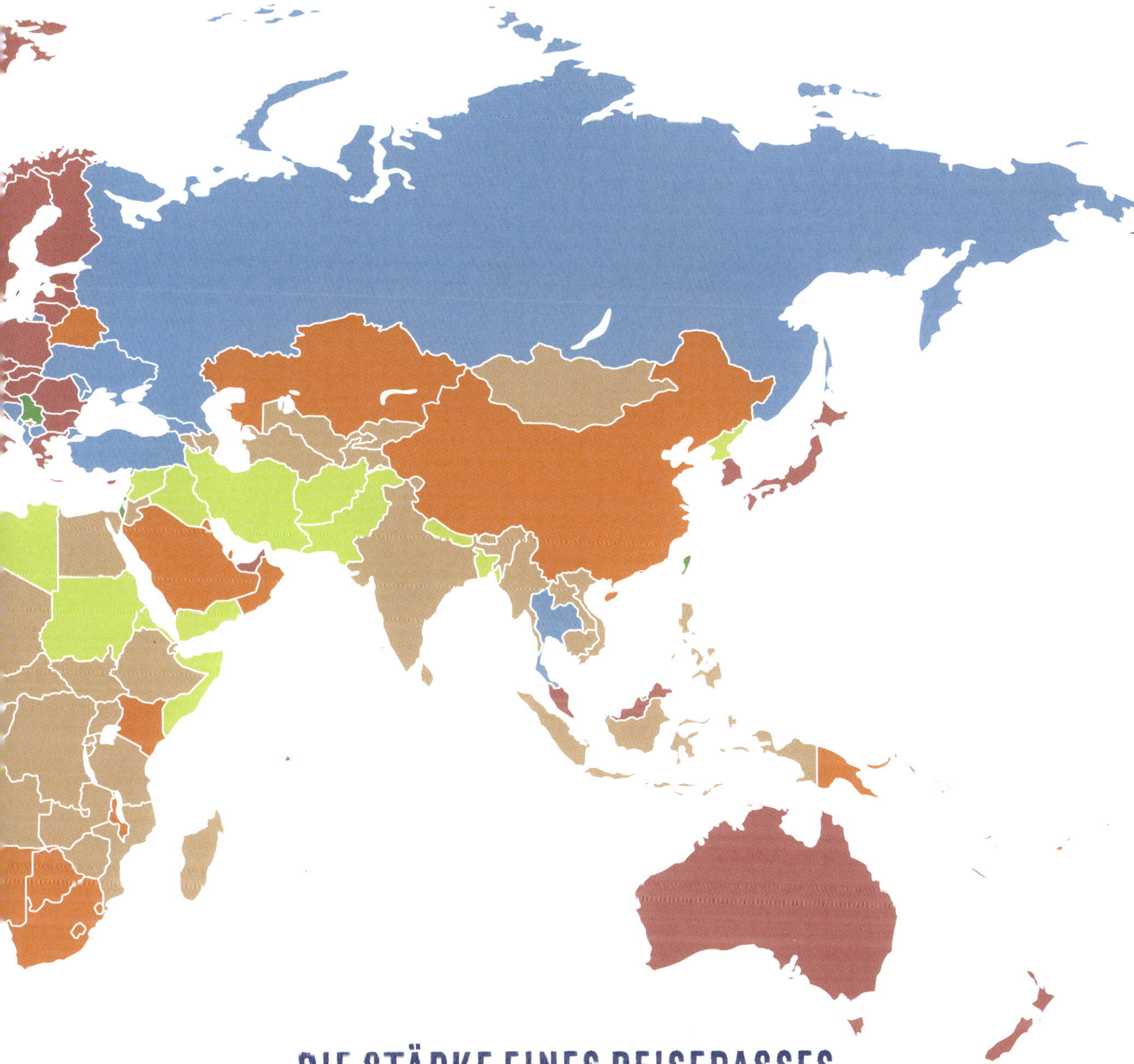

DIE STÄRKE EINES REISEPASSES

Wer reist, braucht in der Regel einen Pass. Henley and Partners, eine globale Beratungsfirma für Staatsbürgerschaften, hat gezählt, zu wie vielen Ländern die Bürger eines Landes visafreien Zugang haben. Anders formuliert: Wie sehr vertrauen andere Länder den Bürgern eines Landes? Ein Reisepass aus Japan oder Singapur gewährt visafreien Zugang zu 189 Ländern. Deutsche und finnische Staatsbürger bekommen Zugang zu 187 Ländern. Am anderen Ende des Spektrums stehen undemokratische, meist arme Länder, die in Konflikte verstrickt sind. Afghanen stehen 25 Länder zur freien Auswahl. Iraker, Syrier, Pakistanis und Somalier haben eine ähnlich limitierte Reisefreiheit.

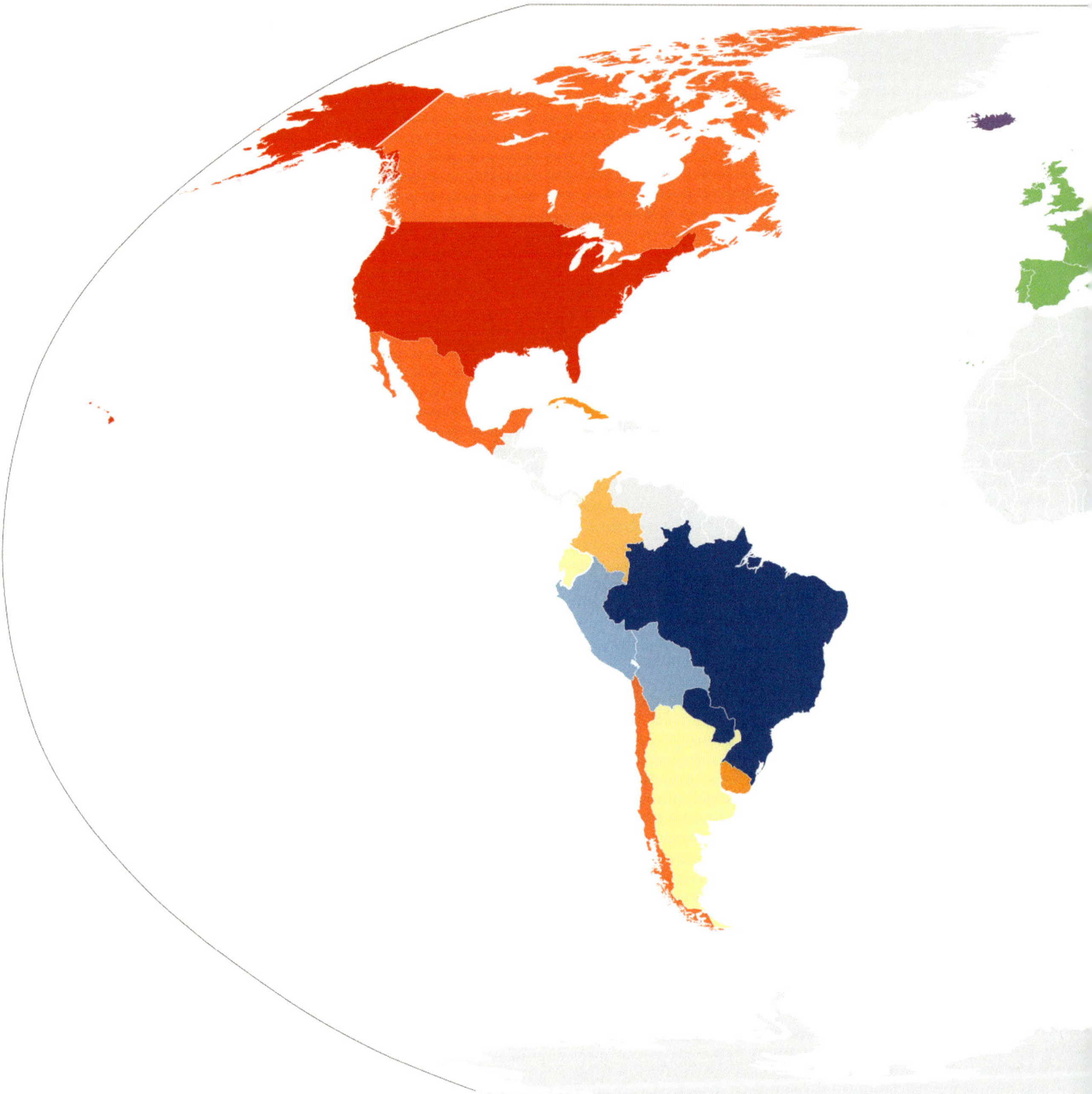

TRINKGELD

Reisende kennen das Problem gut. Man hat in einem fremden Land das erste Essen bestellt und stellt plötzlich fest, keine Ahnung zu haben, ob es angebracht ist, Trinkgeld zu geben, und wenn ja, wie viel üblich ist. In Japan und Australien gibt man zum Beispiel kein Trinkgeld, aber die Reaktionen, wenn man doch Trinkgeld gibt, sind sehr unterschiedlich. Australier nehmen jeden zusätzlichen Dollar gerne entgegen. In Japan hingegen ist das ein kultureller Fauxpas, da es für den Kellner als beschämend gilt, Trinkgeld anzunehmen.

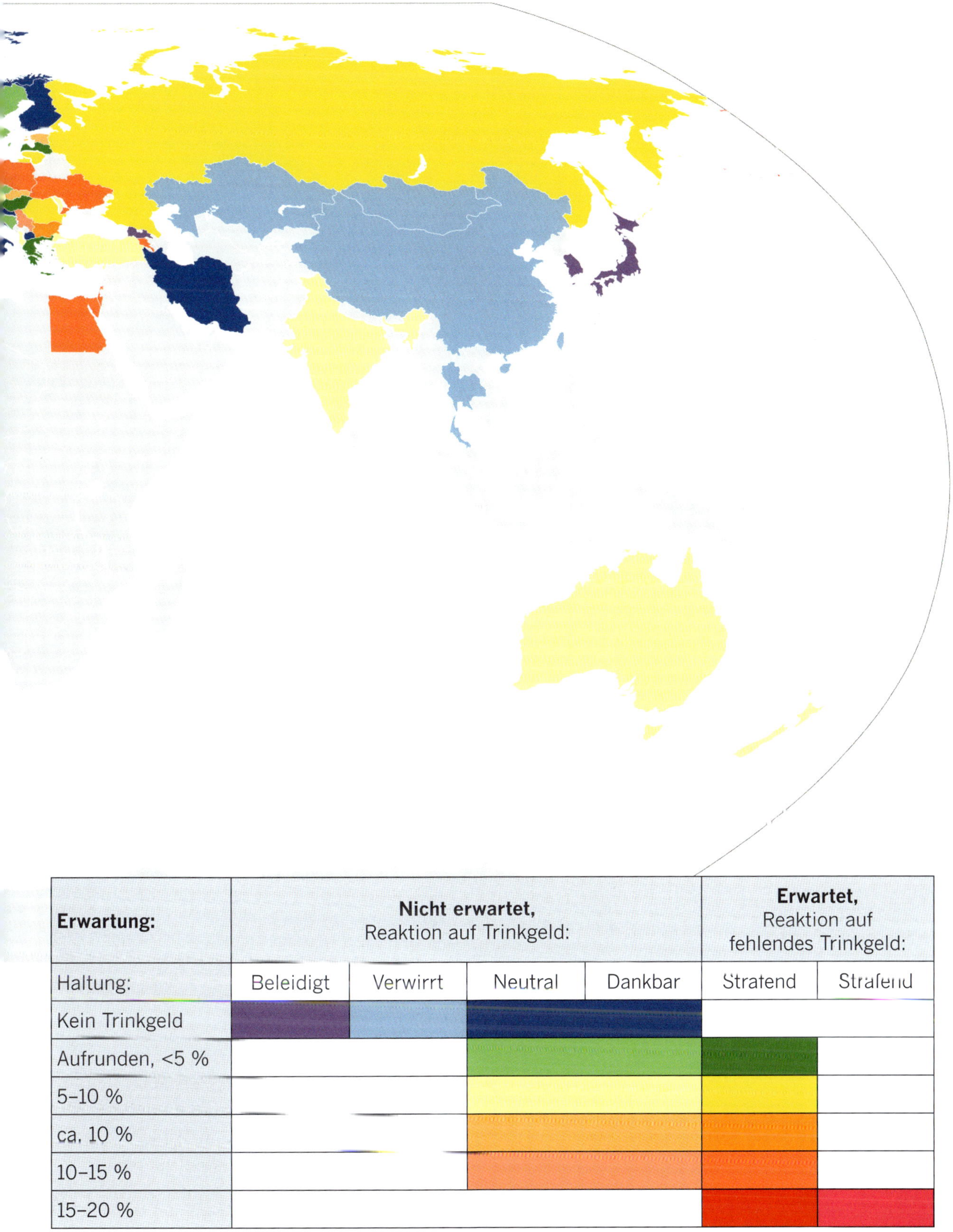

Erwartung:	**Nicht erwartet,** Reaktion auf Trinkgeld:				**Erwartet,** Reaktion auf fehlendes Trinkgeld:	
Haltung:	Beleidigt	Verwirrt	Neutral	Dankbar	Strafend	Strafend
Kein Trinkgeld						
Aufrunden, <5 %						
5–10 %						
ca. 10 %						
10–15 %						
15–20 %						

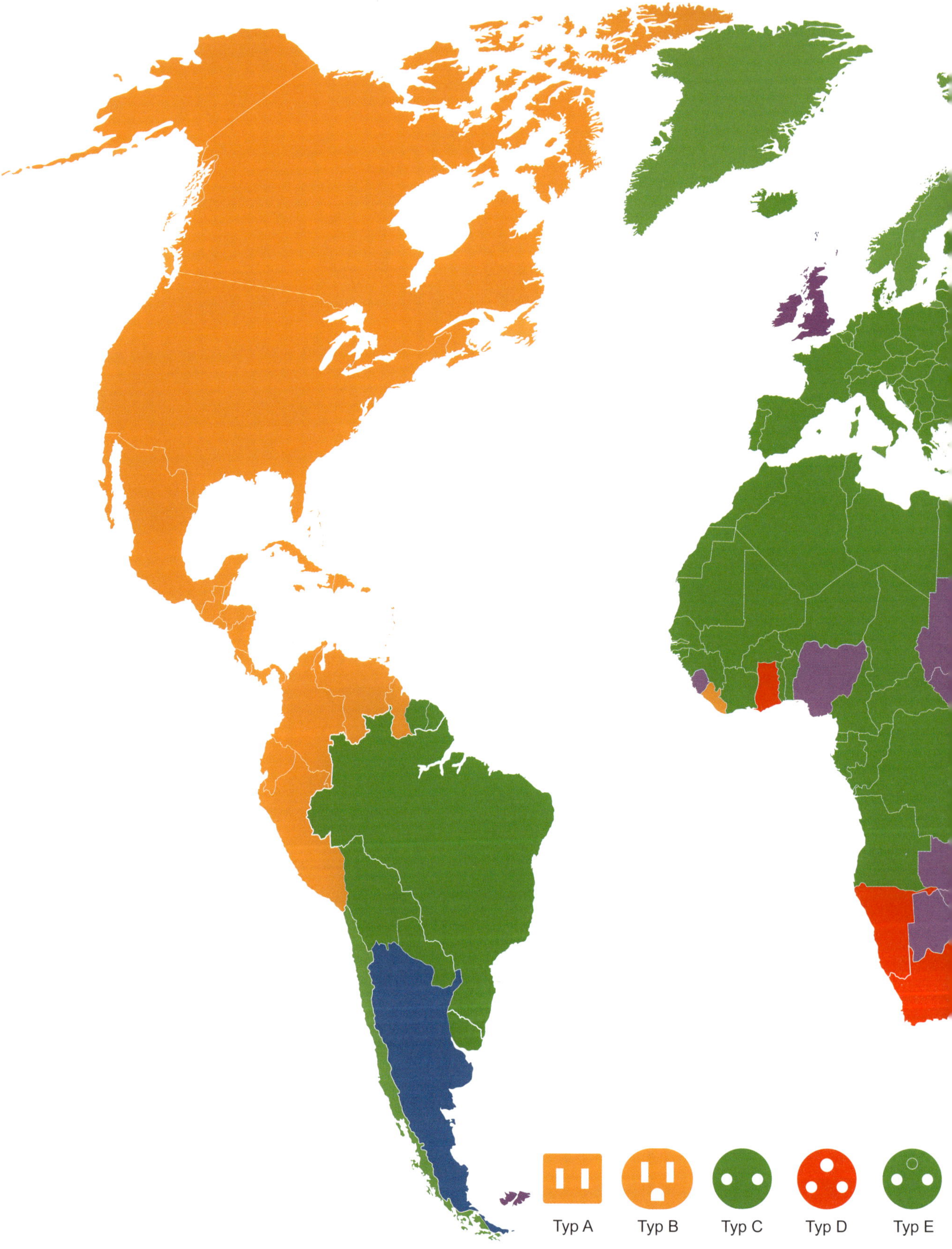
Typ A
Typ B
Typ C
Typ D
Typ E

WELTSTECK-DOSENKARTE

Bei Reisevorbereitungen stellt sich häufig die Frage, was für einen Steckdosenadapter man einpacken oder kaufen muss. Das Rätselraten hat dank dieser Karte ein Ende. Man kann es sich natürlich auch ganz einfach machen und nur in Länder reisen, die dieselbe Art von Steckdose verwenden wie das Land, in dem man lebt. Europäern stehen in diesem Fall weit mehr Reiseziele zur Verfügung als US-Amerikanern oder Chinesen.

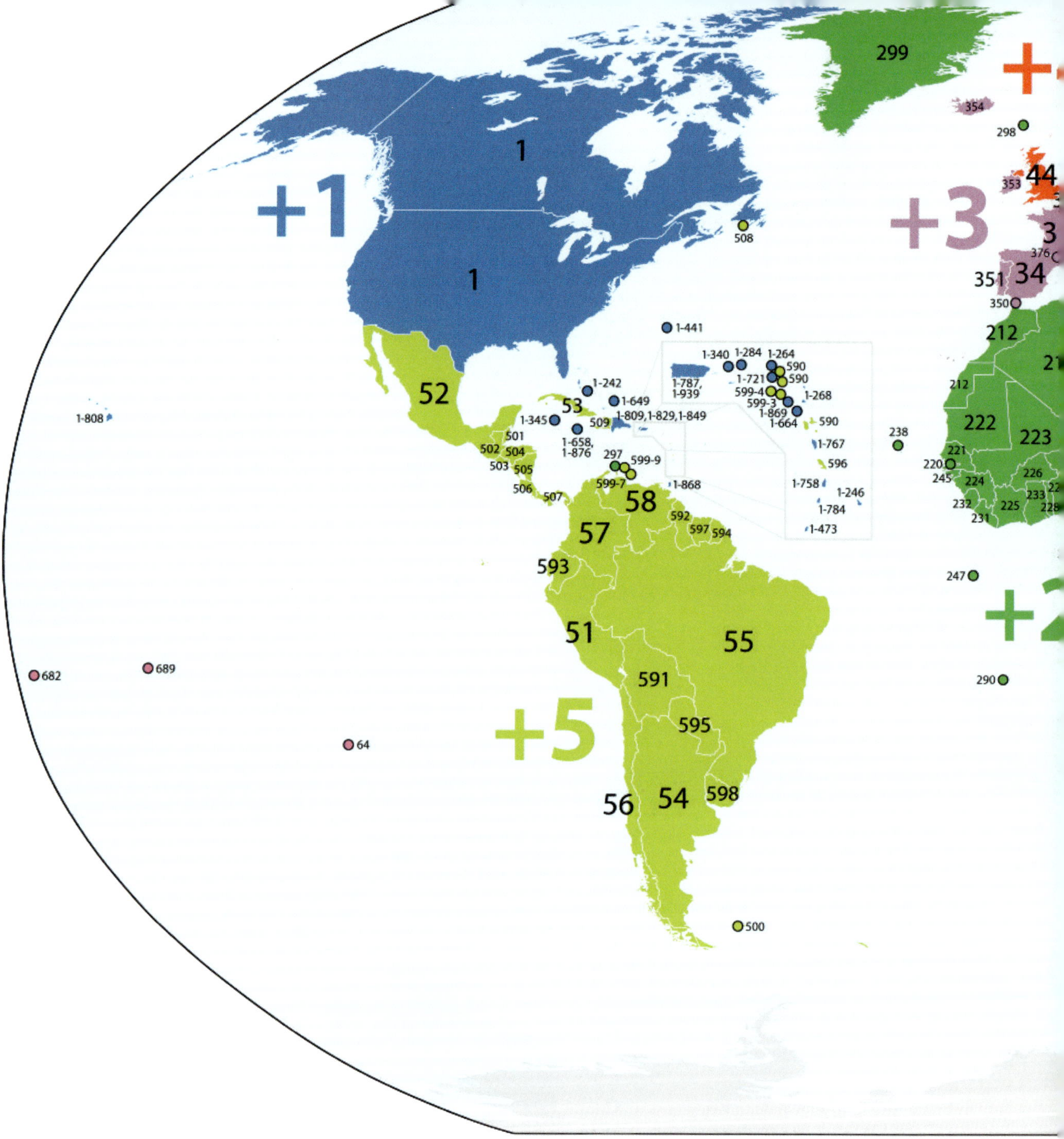

TELEFONVORWAHLEN DER WELT

Nach einem flüchtigen Blick auf diese Karte der internationalen Telefonvorwahlen fragt man sich, wieso die Vorwahlen nicht etwas logischer sortiert sind. Das liegt an der Historie der Nummernvergabe. Anfangs wurden Telefongespräche per Hand vermittelt und internationale Vorwahlen waren unnötig; das Personal in den Schaltzentralen stellte die Verbindung manuell her. Als mehr und mehr Leute Telefonate ins Ausland führten, brauchte irgendwann jedes Land eine eigene Nummer. Die Vergabe der ersten internationalen Vorwahlen wurde 1960 von

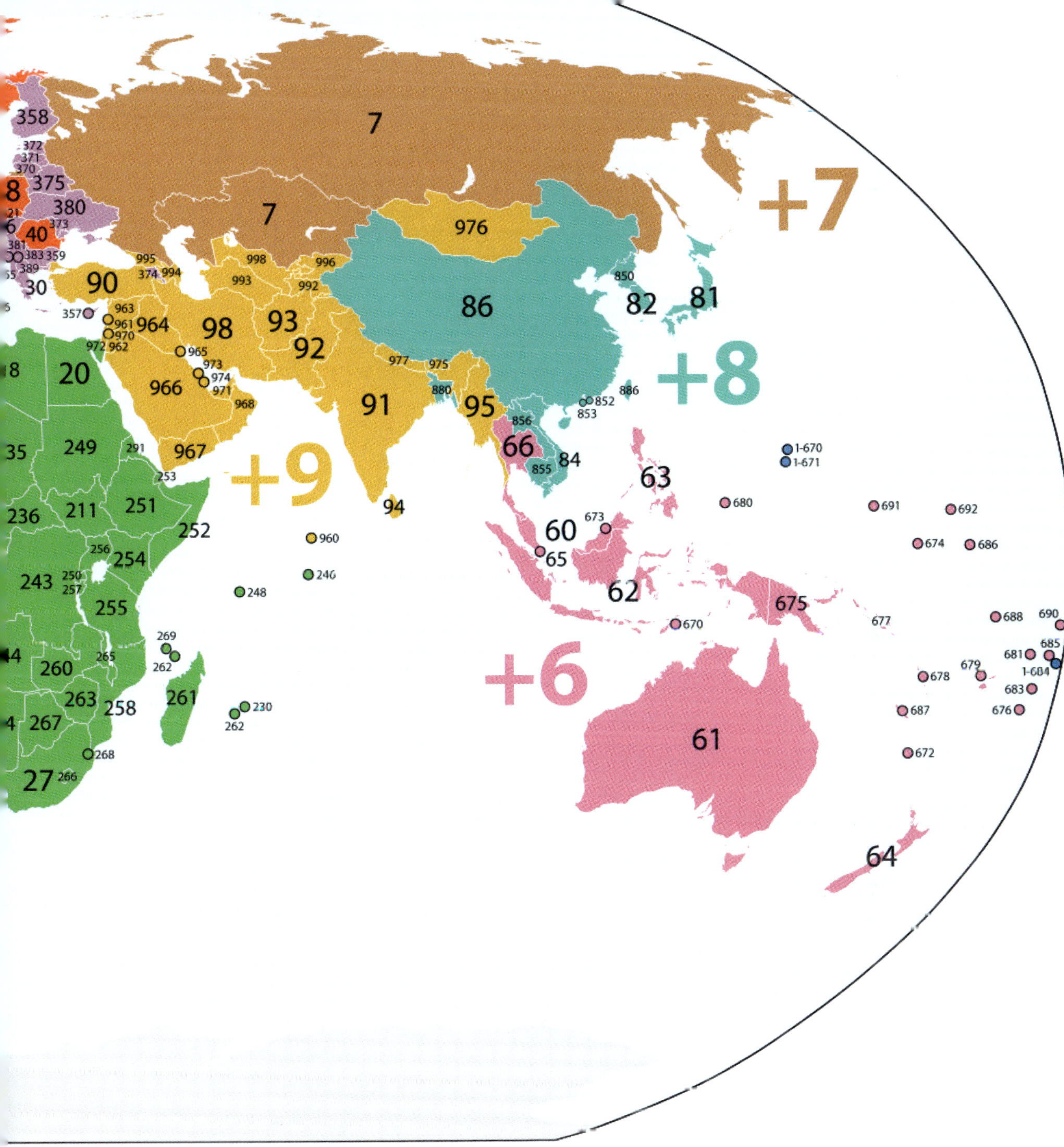

der CCITT (Comité Consultatif International Téléphonique et Télégraphique) in der Schweiz geregelt. Die Vorwahlen begannen mit 20 für Polen über 49 für die Bundesrepublik Deutschland bis zur Nummer 79 für die Sowjetunion. Nummern gab es nur für die europäischen Länder, inklusive der Sowjetunion. Als dann Computer in der Lage waren, Telefonverbindungen automatisch herzustellen, musste ein globales Vorwahlsystem her. Das kam im Jahr 1964. Die Welt wurde in neun Zonen unterteilt und mit den Ziffern von 1 bis 9 belegt: 1 für Nordamerika, 2 für Afrika, 3 und 4 für Europa, 5 für Südamerika, 6 für den Südpazifik und Ozeanien, 7 für das heutige Russland und Kasachstan, 8 für Ostasien und 9 für den Rest von Asien.

LINKSVERKEHR ODER RECHTSVERKEHR

Bevor es Autos gab und Pferde den Verkehr dominierten, herrschte fast überall Linksverkehr. Die Schwertführung war so einfacher. In Russland saßen Wagenführer auf dem linken hinteren Pferd, der rechte Arm konnte so alle Tiere einfach erreichen. Rechtsverkehr war die sicherere

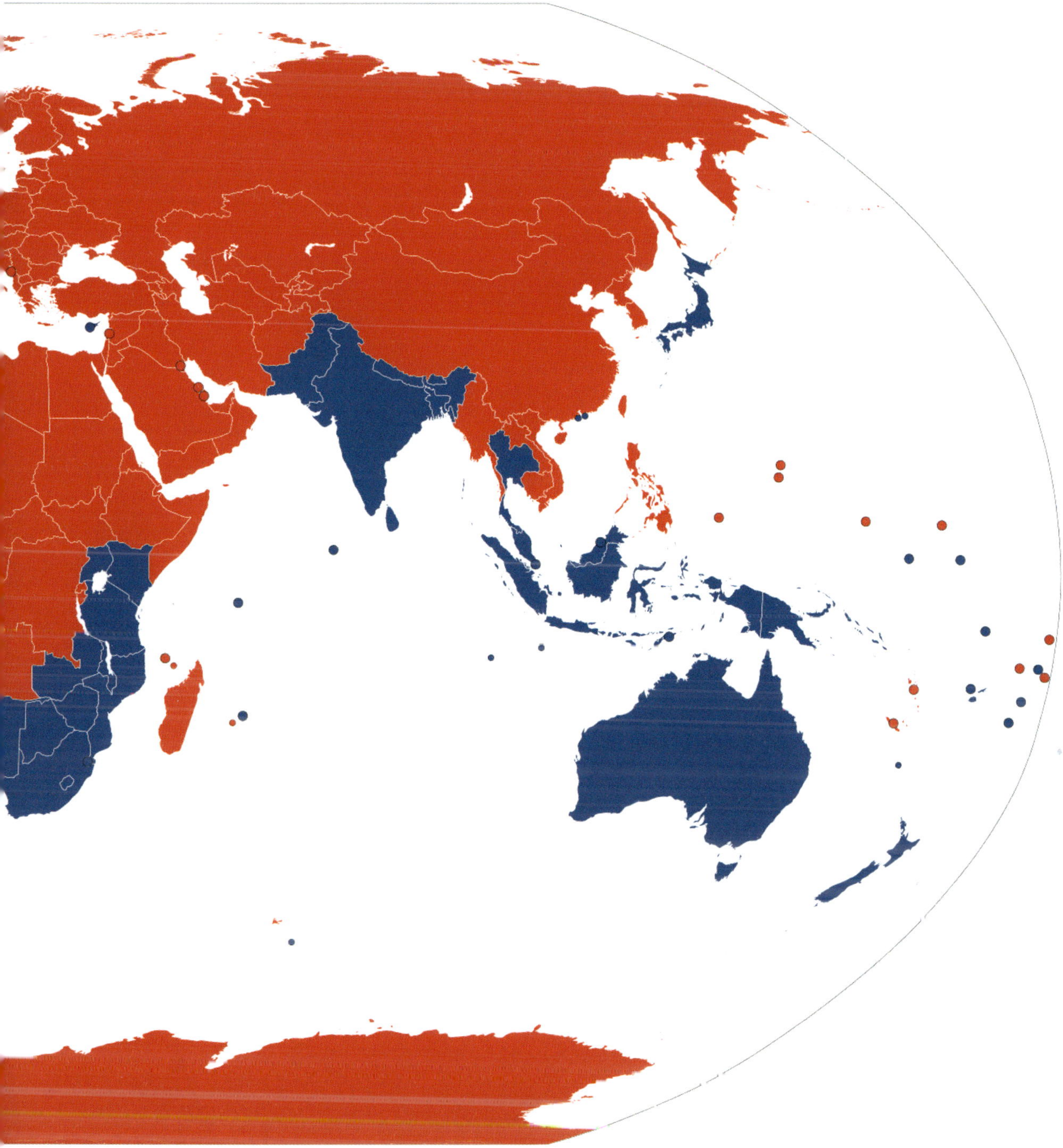

Lösung, um Passanten zu überholen. Die Französische Revolution hat den Rechtsverkehr dann fast flächendeckend in Europa verbreitet. Nur Großbritannien blieb der linken Seite treu und hat durch seine Kolonien den Linksverkehr weltweit verbreitet.

WÖRTLICHE ÜBERSETZUNG DER LÄNDERNAMEN EUROPAS

Falls Sie sich nicht entscheiden können, wohin die nächste Reise gehen soll: Wählen Sie doch einfach ein originell benanntes Land aus. Leider sind die meisten Länder Europas einfach nur nach alten Völkern benannt. Land der Franken? Sorry, Frankreich, aber das ist mir nicht originell genug. Da fahre ich doch lieber nach Spanien, ins Land der Kaninchen. Wer eine poetische Ader hat, ist hingegen im Nabel des Mondes (Mexiko), am Rande des Silberflusses (Argentinien) oder auf Ich gehe an den Strand (Nauru) besser aufgehoben.

FREIES REICH (Schweden)
LAND (Finnland)
DER NORDISCHE WEG (Norwegen)
LAND AM WASSER (Estland)
WALDREGION (Lettland)
FLACHE GRENZREGION (Dänemark)
KÜSTENLAND (Litauen)
WESTLICHE RUS (Weißrussland)
NIEDRIGES LAND (Niederlande)
LAND DES VOLKES (Deutschland)
MENSCHEN DES FELDS (Polen)
LAND AM RANDE (Ukraine)
ZORNIG (Belgien)
KLEINE BURG (Luxemburg)
LAND DER TSCHECHEN (Tschechien)
LAND DER SLAWEN (Slowakei)
VIELE STÄDTE (Moldawien)
HELLEN STEIN (Liechtenstein)
LAND AN DER DONAU (Österreich)
LAND DER MENSCHEN (Ungarn)
LAND DER FRANKEN (Frankreich)
LAND DER SCHWYZER (Schweiz)
LAND DES VOLKES, DAS DIE GLEICHE SPRACHE SPRICHT (Slowenien)
LAND DER RÖMER (Rumänien)
EIN HAUS (Monaco)
LAND VON MARINUS (SAN MARINO)
AUF DEM BERGRÜCKEN (Kroatien)
FLUSS BOSNA UND HERZOGSLAND (Bosnien und Herzegowina)
LAND DER MENSCHEN (Serbien)
LAND VERSCHIEDENER STÄMME (Bulgarien)
AMSELFELD (Kosovo)
SCHWARZER BERGWALD (MONTENEGRO)
LAND DER GROßEN MENSCHEN (Mazedonien)
AUF DEM HÜGEL VATICANUS ERBAUT (VATIKANSTADT)
JUNGES KALB (ITALIEN)
DEUTLICH SPRECHEN (ALBANIEN)
INSEL DES KUPFERS (Zypern)
LAND DER HELLENEN (Griechenland)
BIENE (Malta)

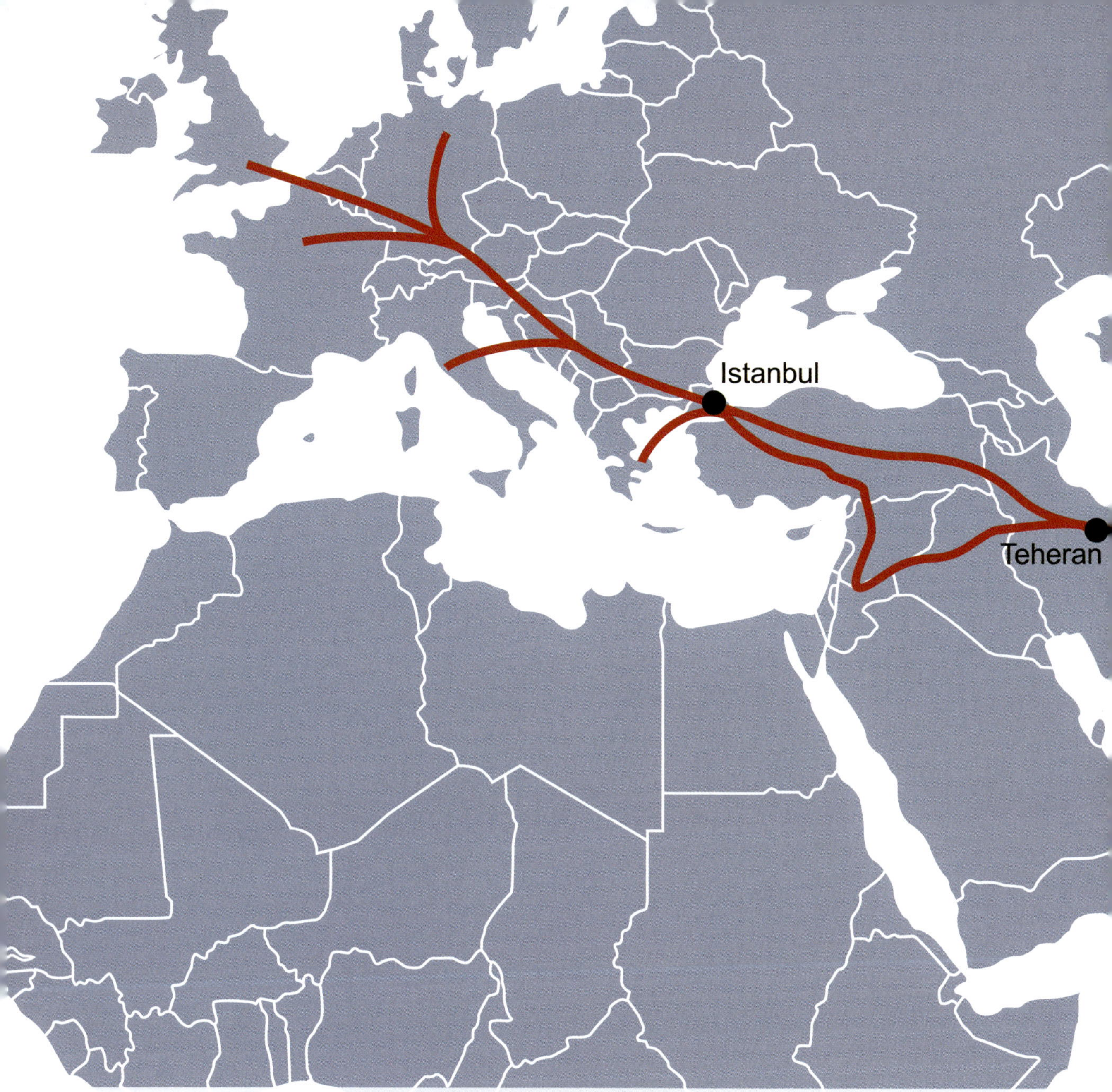

HIPPIE TRAIL

Der Hippie Trail wurde in den 1960er-Jahren von jungen Reisenden etabliert, die, getrieben von Sinnsuche, auf dem Landweg von Europa nach Asien reisten. Die Hippietouristen hatten meist wenig Geld, weshalb die Fortbewegung per Anhalter sehr populär war. Der Hippie Trail gilt als Startschuss für den Rucksacktourismus. Die wichtigsten Stopps auf der Route dienten dem spirituellen Wachstum. Kultur und Sehenswürdigkeiten waren dabei ebenso wichtig wie die Verfügbarkeit von Rauschmitteln. Istanbul war das Tor nach Asien und gab den Hippies

einen ersten Einblick in eine exotische Welt. Afghanistan bot billiges Haschisch, Opium und Heroin, Kabul war eine moderne, weltoffene Stadt. Auch in Kathmandu waren Drogen, Tempel und Gurus verfügbar. Der spirituelle Höhepunkt aber war in Goa zu finden, die Ashrams dort waren meist das finale Reiseziel. An den wichtigsten Knotenpunkten der Reiseroute bildeten sich berühmte Hippietreffpunkte, wo Reisende Informationen über die besten Transportrouten und günstige Unterkünfte austauschen konnten. Als 1979 die Sowjetunion in Afghanistan einfiel, wurde die Landverbindung zwischen Europa und Asien unterbrochen und der Hippie Trail war Geschichte.

DURCHSCHNITTLICHE WARTEZEIT FÜR ANHALTER

Das Reisen per Anhalter war in den 1970er-Jahren weltweit sehr verbreitet. Es wäre aber fahrlässig anzunehmen, dass diese Reiseform nicht mehr populär ist. Wir sehen auf der Karte, wie lange Anhalter in etwa warten müssen, bevor sie mitgenommen werden. Am besten kommt man als Anhalter durch Länder wie Irland, Rumänien, Albanien, Algerien oder Tunesien. Aber auch in Deutschland gibt es Regionen, wo es sich besonders angenehm trampen lässt. Etwa von Ravensburg nach Villingen-Schwenningen oder von Gotha nach Bad Langensalza.

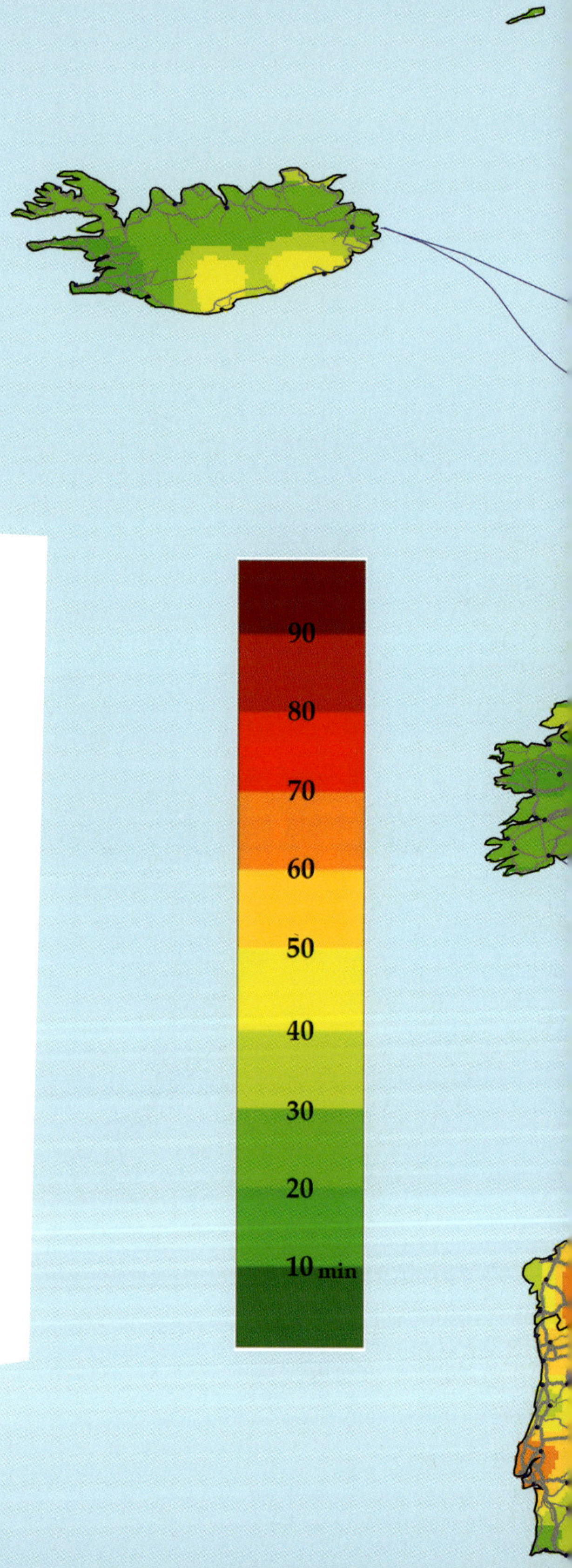

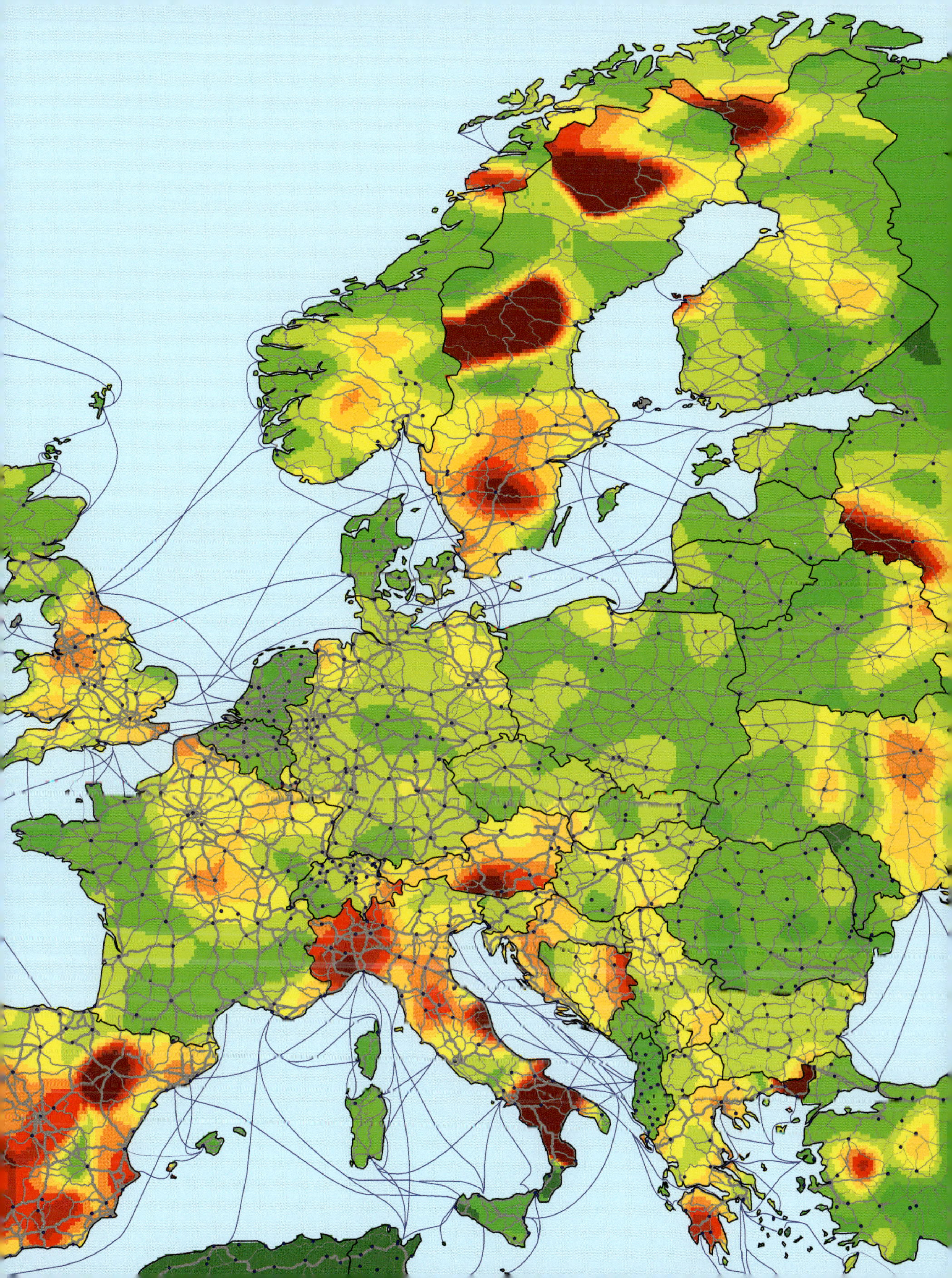

EUROPÄISCHE FERNRADWEGE

Diese Karte zeigt die offiziellen europäischen Radfernwege der European Cyclists' Federation. Die Routen verbinden lokale Fahrradwege zu einem zusammenhängenden Netzwerk. Wie wäre es zum Beispiel mit einer Nord-Süd-Durchquerung Europas vom nördlichsten Punkt des Kontinents (dem Nordkap in Norwegen) bis zur Südspitze Italiens oder sogar bis nach Malta? Das sind schlappe 7400 km Fahrradspaß. Wer keine drei Monate Zeit hat, um am Stück zu reisen, hat seine Urlaubsplanung damit für Jahre im Voraus erledigt. Hobbyhistorikern sei die Route Nummer 13 ans Herz gelegt: Entlang des ehemaligen Eisernen Vorhangs, der Ost- und Westeuropa fast ein halbes Jahrhundert lang trennte, führt die Route durch 20 Länder – die ideale Art, die europäische Geschichte des 20. Jahrhunderts zu erfahren.

1
13
11
10
3
7
Oslo
Helsinki
Tallinn
Stockholm
12
Moscow
Riga
12
Copenhagen
10
2
Vilnius
Minsk
Amsterdam
Berlin
London
Warsaw
2
Brussels
9
Kiev
4
13
4
Prague
Luxembourg
Paris
19
5
15
Bratislava
Chisinau
Vienna
Budapest
6
11
Bern
3
Ljubljana
7
Zagreb
17
Belgrade
Bucarest
6
Sarajevo
Pristina
Sofia
Skopje
Podgorica
13
8
Rome
Tirana
5
Athens
8
Nicosia
Valletta

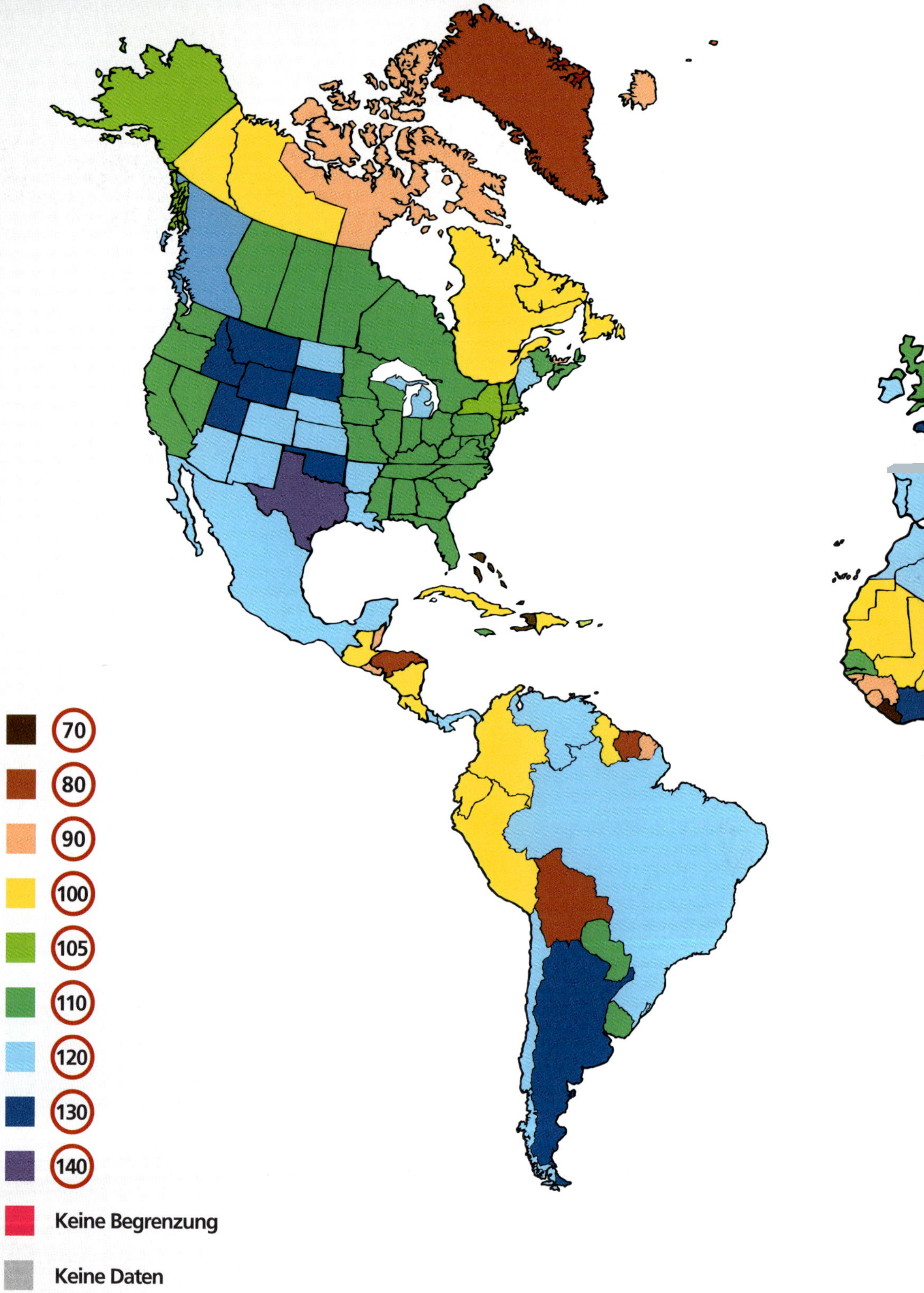
70
80
90
100
105
110
120
130
140
Keine Begrenzung
Keine Daten

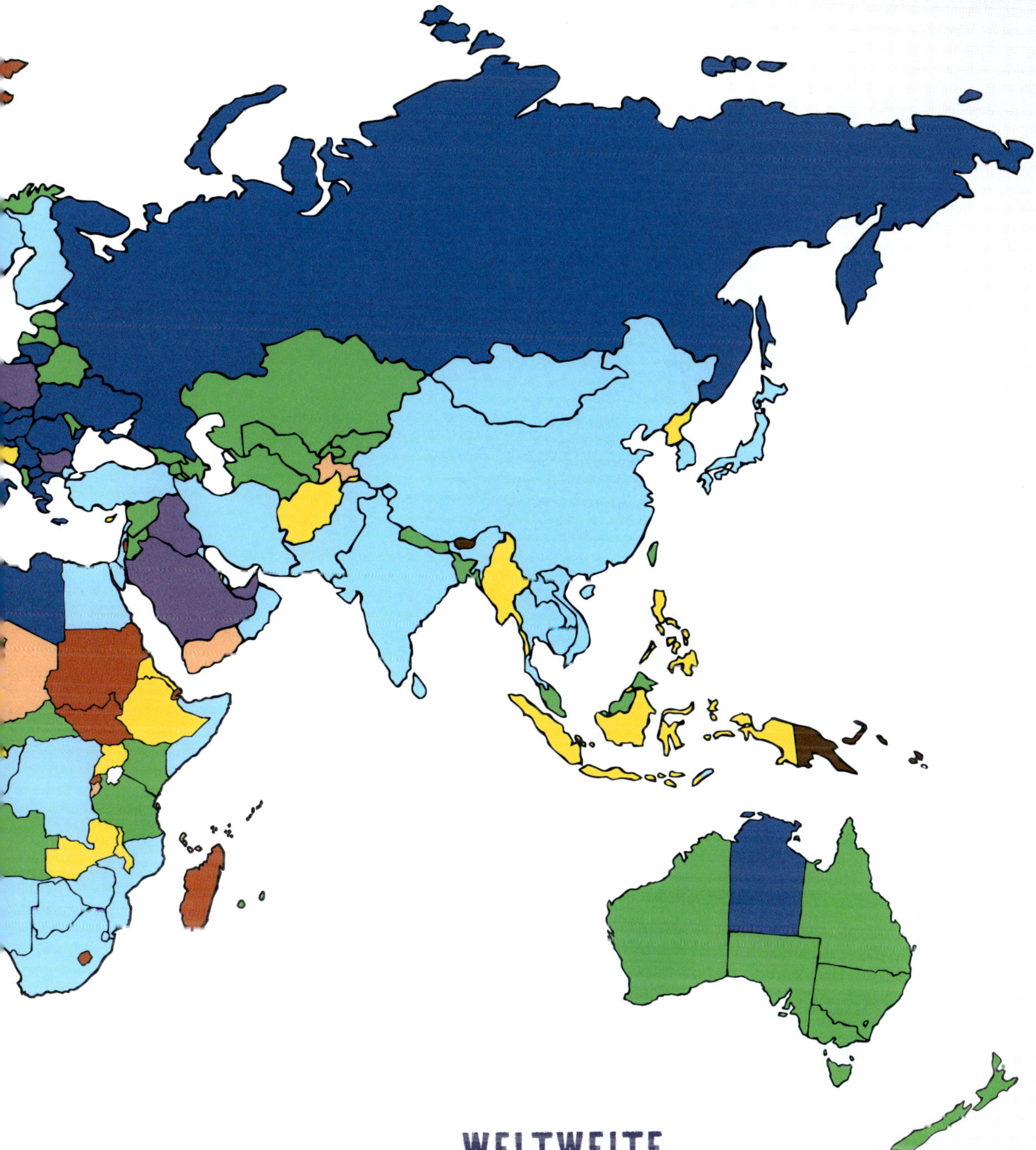

WELTWEITE GESCHWINDIGKEITSBEGRENZUNGEN

Für Reisende, die mit dem Auto unterwegs sind, ist diese Weltkarte interessant, denn sie zeigt die maximal erlaubten Höchstgeschwindigkeiten. Es gibt nur ein einziges Land ohne Tempolimit. Dreimal dürfen Sie raten, welches. Viele Besucher sind allerdings sehr enttäuscht, wenn sie erfahren, dass nur relativ wenige und relativ kurze Abschnitte auf deutschen Autobahnen keine Geschwindigkeitsbegrenzung haben.

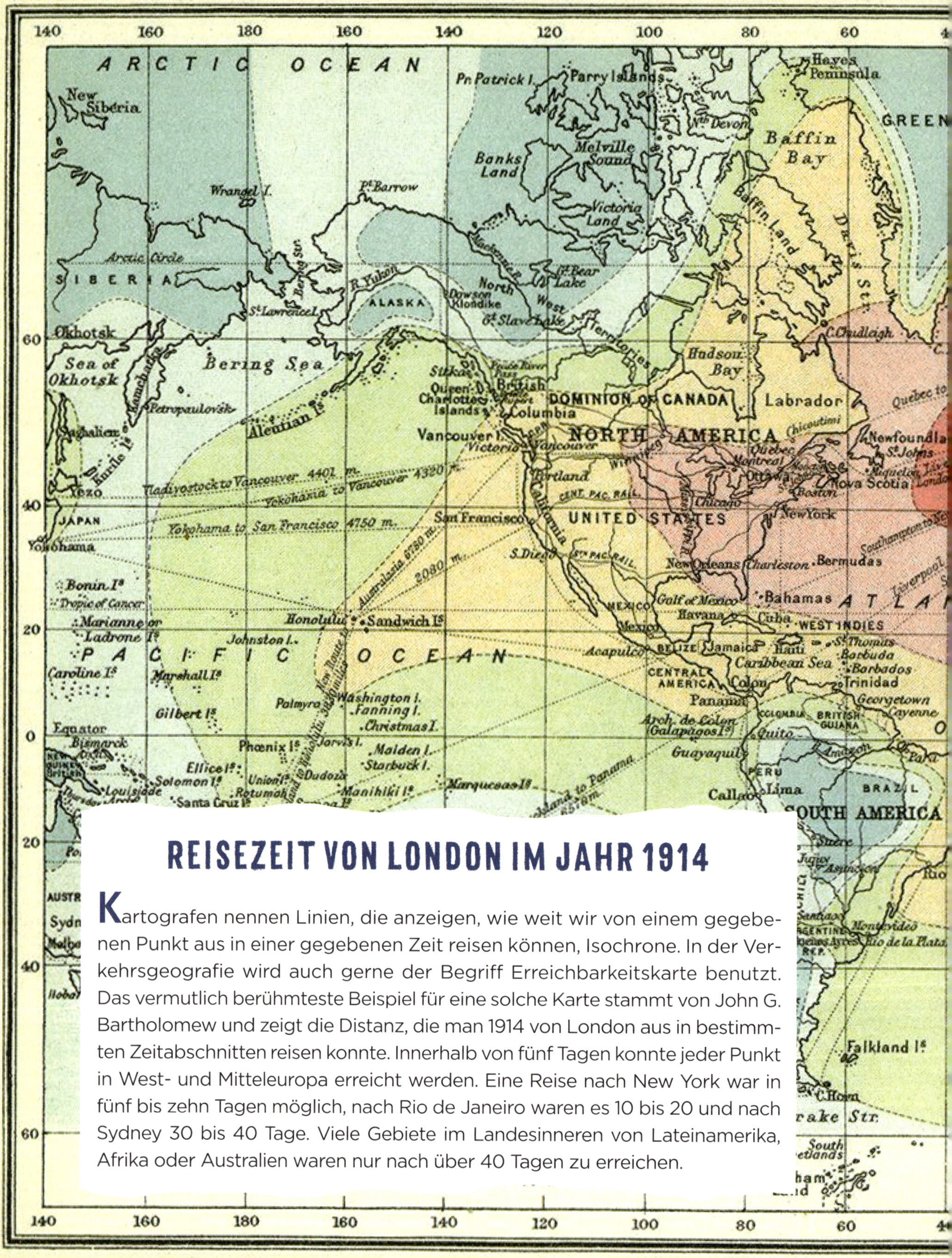

REISEZEIT VON LONDON IM JAHR 1914

Kartografen nennen Linien, die anzeigen, wie weit wir von einem gegebenen Punkt aus in einer gegebenen Zeit reisen können, Isochrone. In der Verkehrsgeografie wird auch gerne der Begriff Erreichbarkeitskarte benutzt. Das vermutlich berühmteste Beispiel für eine solche Karte stammt von John G. Bartholomew und zeigt die Distanz, die man 1914 von London aus in bestimmten Zeitabschnitten reisen konnte. Innerhalb von fünf Tagen konnte jeder Punkt in West- und Mitteleuropa erreicht werden. Eine Reise nach New York war in fünf bis zehn Tagen möglich, nach Rio de Janeiro waren es 10 bis 20 und nach Sydney 30 bis 40 Tage. Viele Gebiete im Landesinneren von Lateinamerika, Afrika oder Australien waren nur nach über 40 Tagen zu erreichen.

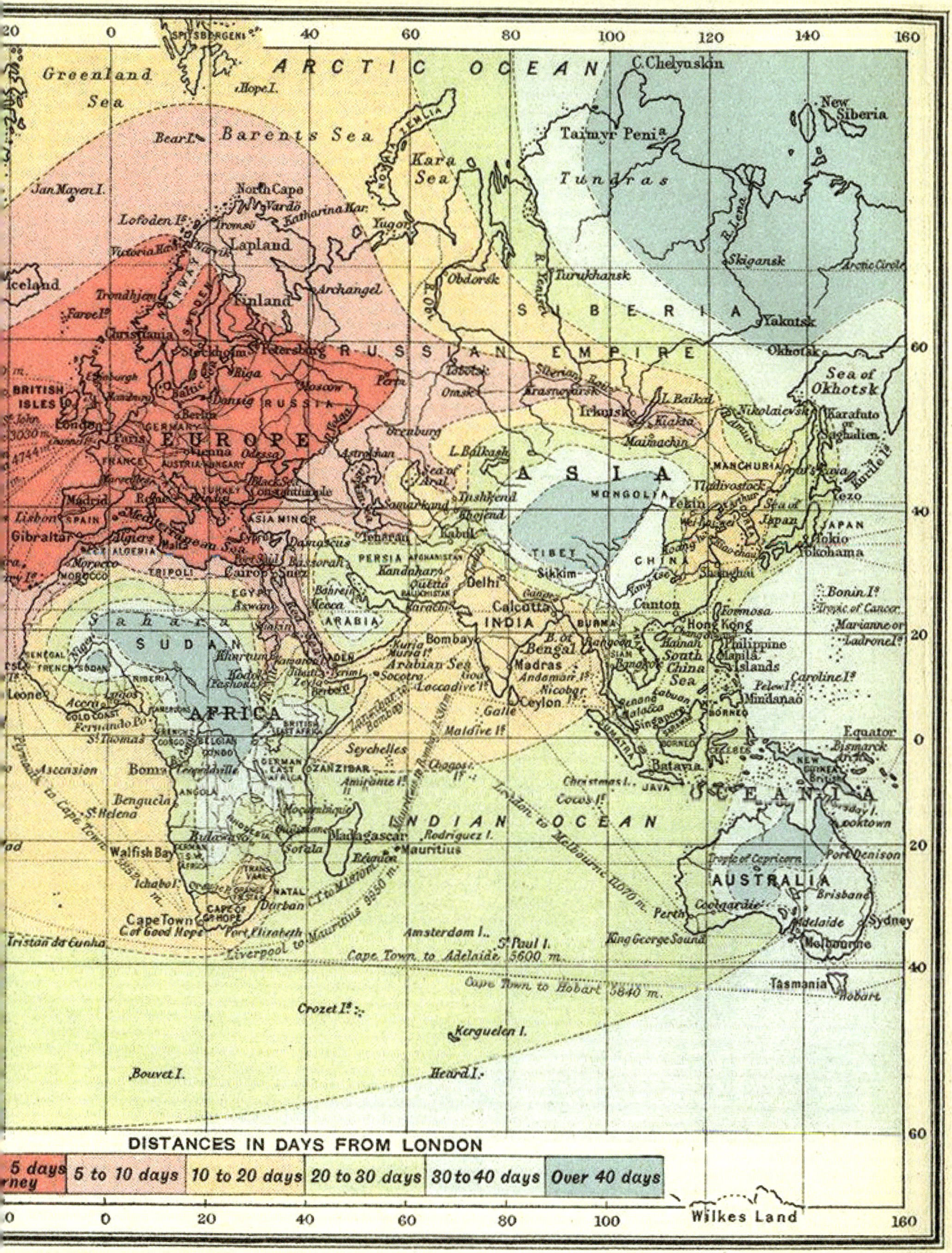

ARCTIC OCEAN
Greenland Sea
Barents Sea
Kara Sea
Novaya Zemlia
C. Chelyuskin
New Siberia
Taimyr Peni.a
Tundras
Spitsbergen
Hope I.
Bear I.
Jan Mayen I.
North Cape
Vardö
Katharina Har.
Lofoden Is.
Tromsö
Lapland
Narvik
Iceland
Trondhjem
Faroe Is.
Christiania
Stockholm
Finland
Archangel
Petersburg
Obdorsk
Turukhansk
Skigansk
Yakutsk
Okhotsk
Sea of Okhotsk
Arctic Circle
SIBERIA
RUSSIAN EMPIRE
BRITISH ISLES
London
Riga
Moscow
Danzig
RUSSIA
Berlin
GERMANY
EUROPE
Paris
FRANCE
Vienna
AUSTRIA HUNGARY
Odessa
Perm
Tobolsk
Omsk
Krasnoyarsk
Irkutsk
L. Baikal
Kiakta
Maimachin
Nikolaievsk
Karafuto
Orenburg
Astrakhan
L. Balkash
Sea of Aral
ASIA
MONGOLIA
MANCHURIA
Vladivostock
Yezo
Madrid
SPAIN
Lisbon
Gibraltar
Rome
TURKEY
Black Sea
Constantinople
ASIA MINOR
Mediterranean Sea
Algiers
Malta
ALGERIA
Morocco
MOROCCO
TRIPOLI
Cairo
Port Said
Suez
EGYPT
Damascus
Basrorah
Teheran
PERSIA
AFGHANISTAN
Kabul
Tashkend
Samarkand
Khojend
Kandahar
Quetta
BALUCHISTAN
Karachi
Delhi
TIBET
Sikkim
CHINA
Pekin
Sea of Japan
JAPAN
Tokio
Yokohama
Shanghai
Canton
Hong Kong
Formosa
Bonin Is.
Tropic of Cancer
Marianne or Ladrone Is.
Bahrein
Mecca
ARABIA
Aswan
Suakin
Sahara
SUDAN
Khartum
Kodok
Fashoda
Aden
Perim
Zeila
Berbera
Socotra
Arabian Sea
Bombay
INDIA
Calcutta
BURMA
B. of Bengal
Madras
Andaman Is.
Nicobar Is.
Ceylon
Galle
Laccadive Is.
Maldive Is.
Rangoon
SIAM
Bangkok
Hainan
South China Sea
Philippine Islands
Manila
Mindanao
Caroline Is.
Pelew Is.
Labuan
Penang
Malacca
Singapore
BORNEO
SUMATRA
Batavia
JAVA
CELEBES
NEW GUINEA
Bismarck Arch.
Equator
OCEANIA
Thursday I.
Cooktown
Port Denison
Tropic of Capricorn
AUSTRALIA
Brisbane
Coolgardie
Perth
Adelaide
Sydney
Melbourne
King George Sound
Tasmania
Hobart
Christmas I.
Cocos Is.
Chagos Is.
Seychelles
Amirante Is.
Zanzibar to Bombay
Zanzibar
GERMAN EAST AFRICA
BRITISH EAST AFRICA
AFRICA
Lagos
Accra
GOLD COAST
Fernando Po
St. Thomas
CONGO
Leopoldville
Boma
ANGOLA
Benguela
St. Helena
Ascension
Mocambique
Madagascar
Rodriguez I.
Mauritius
Reunion
Walfish Bay
Bulawayo
Sofala
Ichabo I.
Orange
TRANSVAAL
NATAL
Durban
Cape Town
C. of Good Hope
Port Elizabeth
Tristan da Cunha
Plymouth to Cape Town
Liverpool to Mauritius 9950 m.
Mauritius to Bombay
London to Melbourne 11070 m.
INDIAN OCEAN
Amsterdam I.
St. Paul I.
Cape Town to Adelaide 5600 m.
Cape Town to Hobart 5840 m.
Crozet Is.
Kerguelen I.
Heard I.
Bouvet I.
Wilkes Land
DISTANCES IN DAYS FROM LONDON
5 days journey
5 to 10 days
10 to 20 days
20 to 30 days
30 to 40 days
Over 40 days

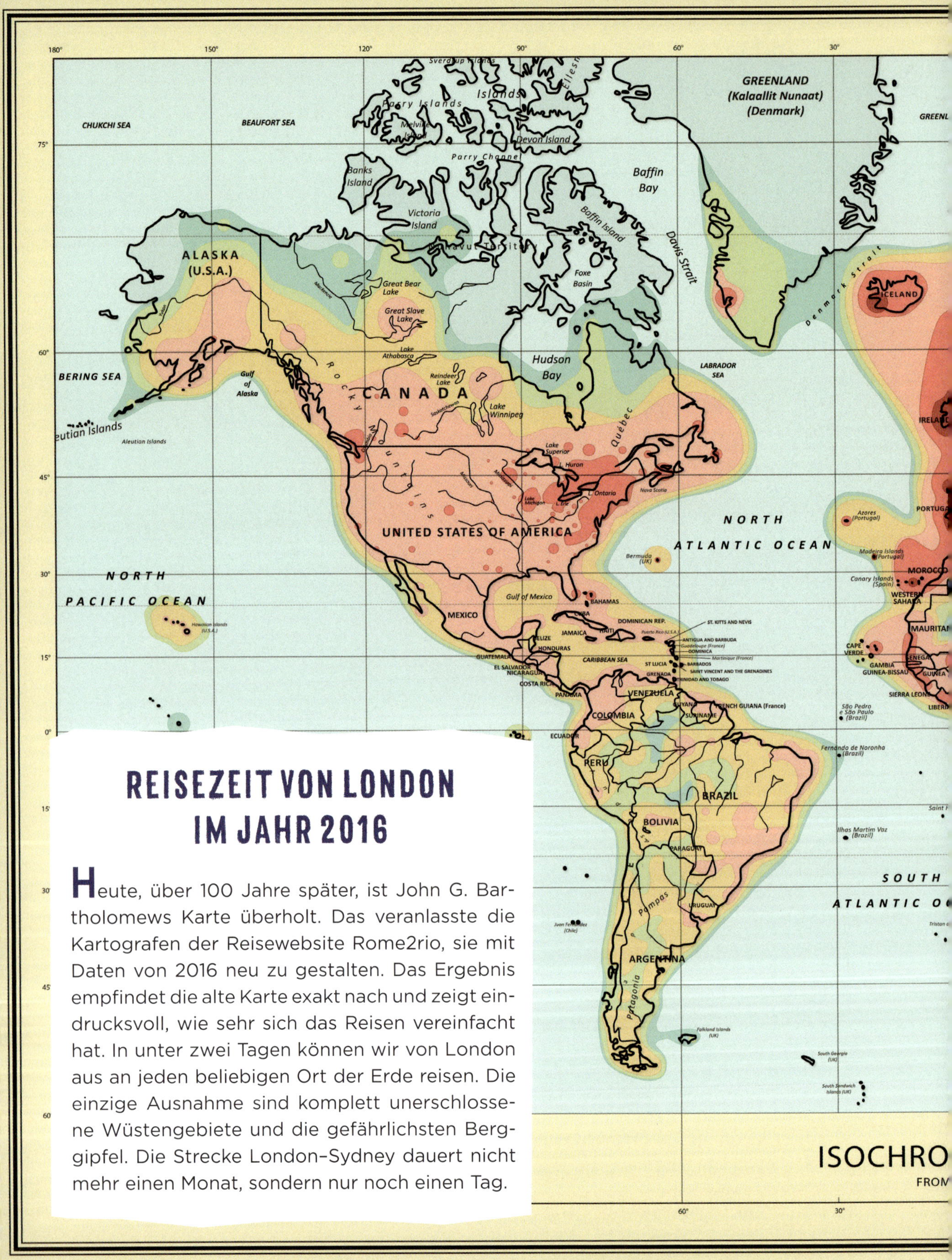

REISEZEIT VON LONDON IM JAHR 2016

Heute, über 100 Jahre später, ist John G. Bartholomews Karte überholt. Das veranlasste die Kartografen der Reisewebsite Rome2rio, sie mit Daten von 2016 neu zu gestalten. Das Ergebnis empfindet die alte Karte exakt nach und zeigt eindrucksvoll, wie sehr sich das Reisen vereinfacht hat. In unter zwei Tagen können wir von London aus an jeden beliebigen Ort der Erde reisen. Die einzige Ausnahme sind komplett unerschlossene Wüstengebiete und die gefährlichsten Berggipfel. Die Strecke London–Sydney dauert nicht mehr einen Monat, sondern nur noch einen Tag.

STANCES

AND

DISTANCE IN HOURS FROM LONDON

0-6hr	6-12hr	12-18hr	18-24hr	24-30hr	30-36hr	36+ hr

CHARLES DARWINS REISE

Wer ein Datenset hat und dieses auf einer Weltkarte darstellen möchte, muss sich überlegen, welche Kartenprojektion dafür am geeignetsten ist. Jede zweidimensionale Karte ist eine verzerrte Darstellung unserer dreidimensionalen Welt. Ein Kartograf muss entscheiden, welche der bekannten Standardprojektionen am besten zu den dargestellten Daten passt. Dank moderner Kartografie-Software lässt sich sogar eine ganz spezielle Kartenprojektion nur

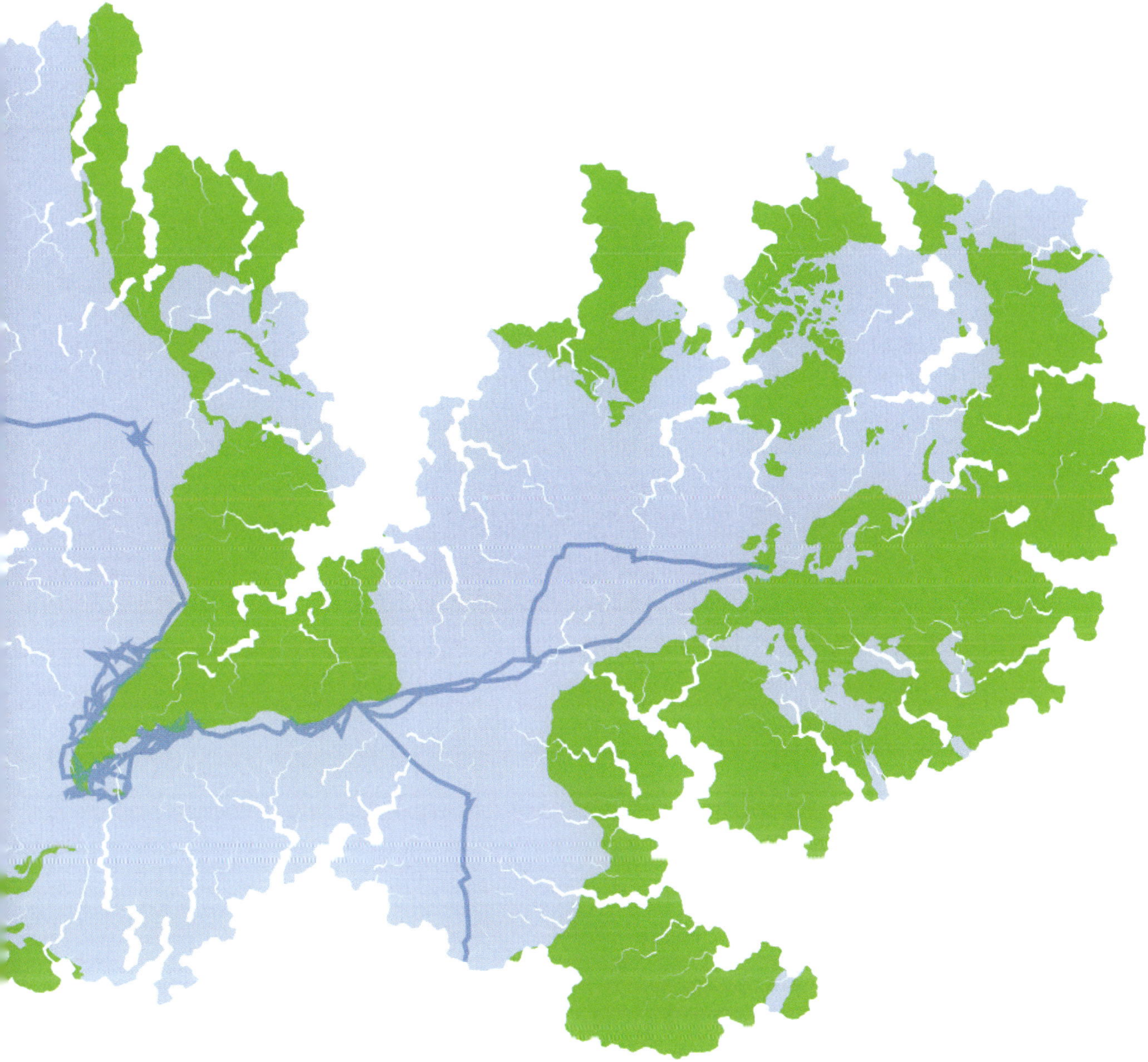

für ein bestimmtes Datenset erstellen. Auf dieser Karte zeigt uns der Kartograf Ben Schmidt die Route, die Charles Darwin auf der HMS Beagle fuhr (1831–36) und die als Grundlage für seine Evolutionstheorie diente. Die Kartenprojektion ist so programmiert, dass die Regionen nahe der Schiffsroute unverzerrt bleiben, Gegenden weitab der Route sind hingegen stark verzerrt abgebildet. Die Karte ist sogar so ausgerichtet, dass die Galapagosinseln, die für Darwins Evolutionstheorie besonders wichtig waren, im Zentrum stehen.

AUSBRUCH DES YELLOWSTONE-VULKANS

Naturfreunde, die es in die USA zieht, kommen an einem Besuch des weltweit ältesten Nationalparks Yellowstone nicht vorbei. Der Park wurde 1872 auf einem Vulkan gegründet. Und zwar nicht auf irgendeinem kleinen Schrumpfvulkan, sondern auf einem amerikanischen XXL-Vulkan. Eine Eruption hätte eine riesige Staubwolke zur Folge. Die Karte zeigt, wie sich diese Staubwolke (hier unter normalen Wetterbedingungen im Monat April) entwickeln würde. Die Staubwolke könnte über 3000 km bis zur Ostküste der USA reichen und dort eine bis zu 3 mm dicke Staubschicht hinterlassen. In einem Umkreis von gut 200 km würde die Staubschicht über 1 m dick sein. Diese Vorgänge würden sich allerdings über Wochen hinziehen und Geologen gehen nicht davon aus, dass der Supervulkan in nächster Zukunft ausbricht. Sie können Yellowstone also weiterhin als Reiseziel anvisieren.

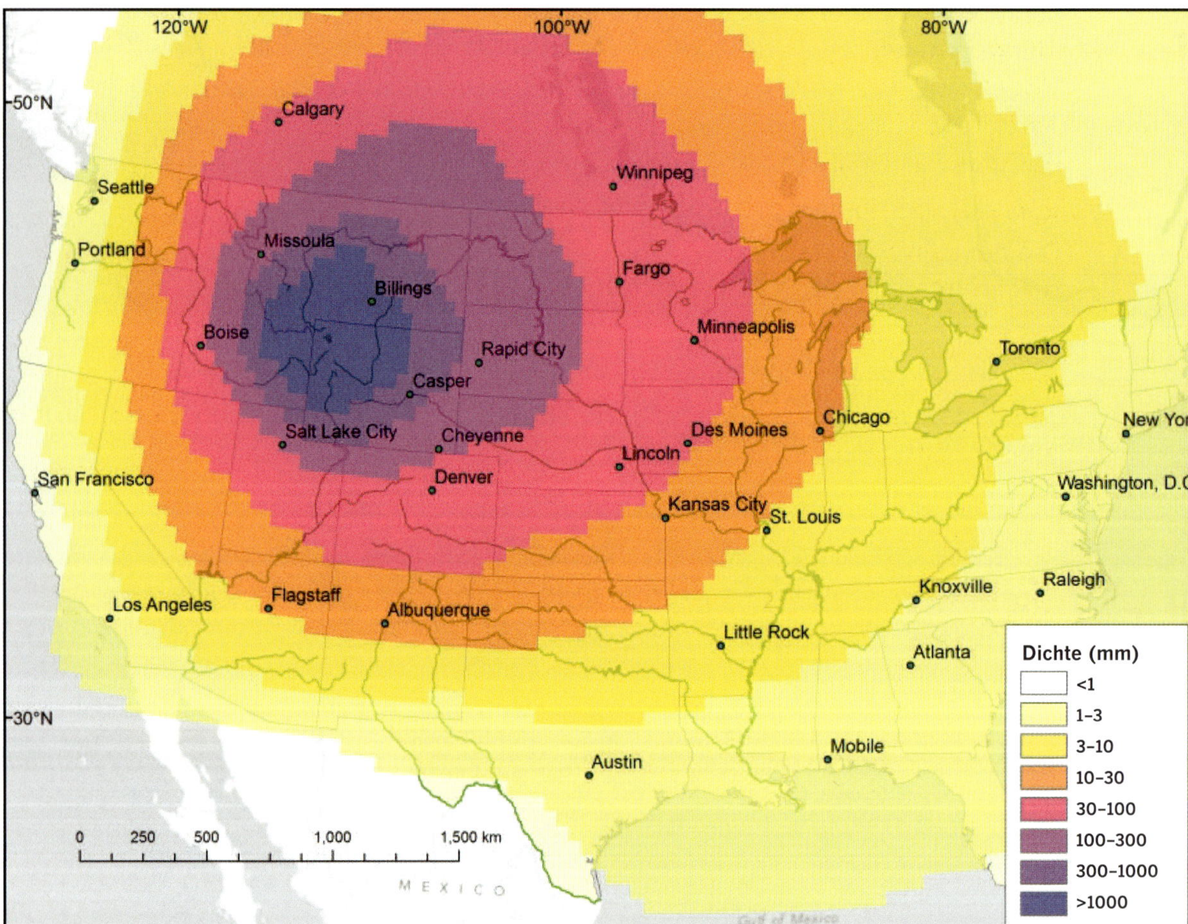

TIERE

Die eigentlichen Reisefanatiker dieser Erde sind nicht wir Menschen, sondern Tiere. Wer meinen Twitter-Account verfolgt, weiß, wie sehr mir Tierkarten gefallen. Als kleiner Junge habe ich mich immer gefragt, was Vögel wohl so alles in ihrem Leben sehen. Heute wissen Forscher dank Satellitenchips sehr genau, wie Tiere sich bewegen – und präsentieren uns dies auch in Form von spannenden Karten.

Katzenbesitzer können sich für unter 100 Euro einen Peilsender kaufen. Die neusten Modelle wiegen keine 100 Gram und werden ans Halsband geklemmt. Auf dem Handy erscheint dann eine schöne Karte, die zeigt, wo die Katze umherschleicht.

In diesem Kapitel erfahren Sie unter anderem, wie Wolfsrudel ihre Reviere abstecken, wo das Wollhaarmammut lebte, in welchem Land die meisten giftigen Tiere leben oder wie Delfine eine Karte zeichnen würden … wenn sie denn Karten zeichnen könnten.

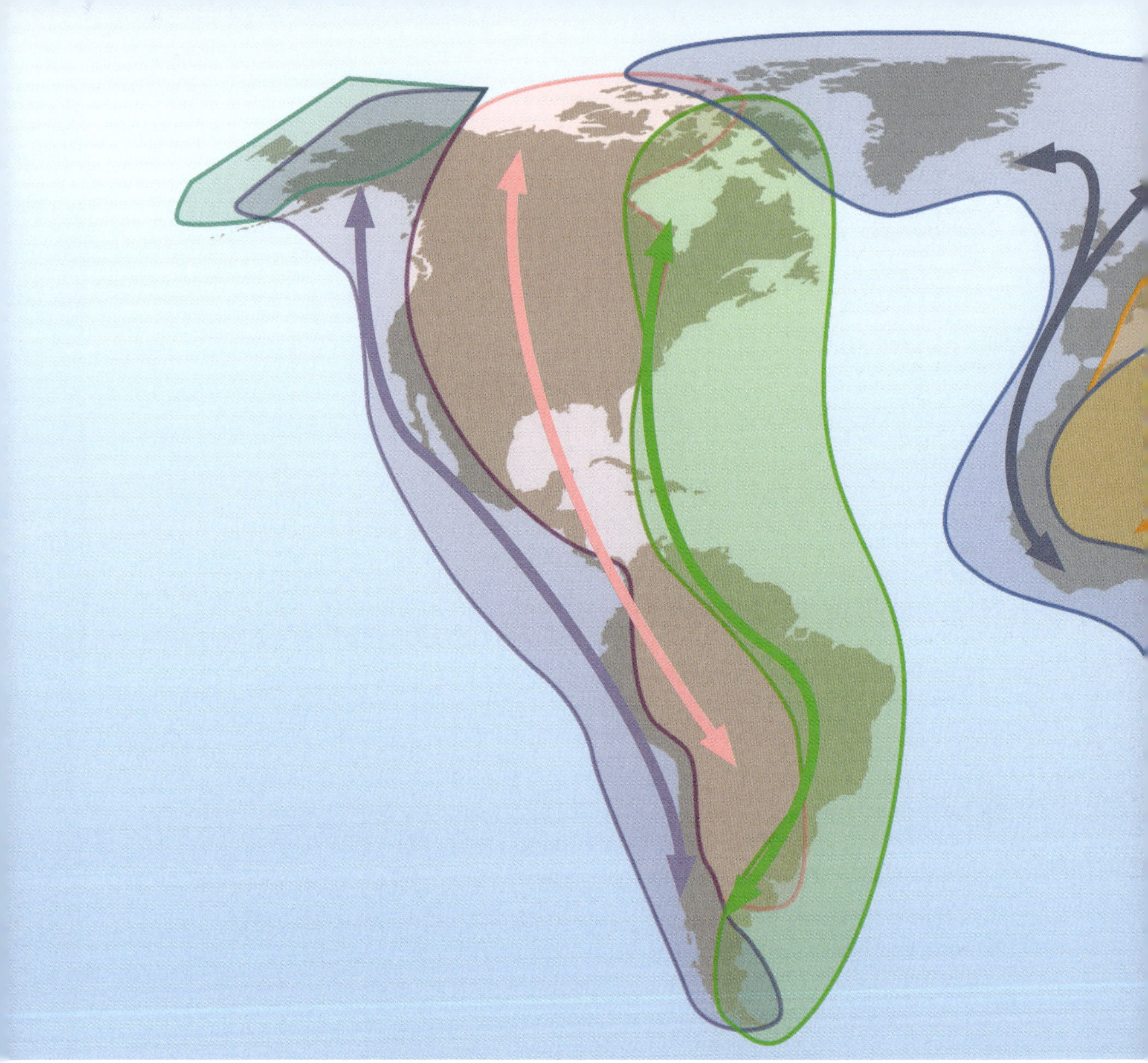

ZUGVÖGEL AUS DER ARKTIS

Diese Karte zeigt die acht wichtigsten Migrationsrouten von Zugvögeln. Artenschutz ist schwierig zu regeln, da ökonomische und ökologische Überlegungen und zahlreiche Akteure mit unterschiedlichen Motivationen aufeinandertreffen. Die Koordination wird um ein Vielfaches komplizierter, da mitunter Dutzende Nationen involviert sind. Die Vögel halten sich natürlich nicht an Ländergrenzen und durchqueren verschiedene nationale Lufträume und legen Zwischenstopps in verschiedenen Ländern ein. Um Zugvögel nachhaltig schützen zu können, müssen sich Institutionen und Menschen von ihrer besten Seite zeigen. Erfolgreicher internationaler Artenschutz zeigt uns, wozu wir in der Lage sind.

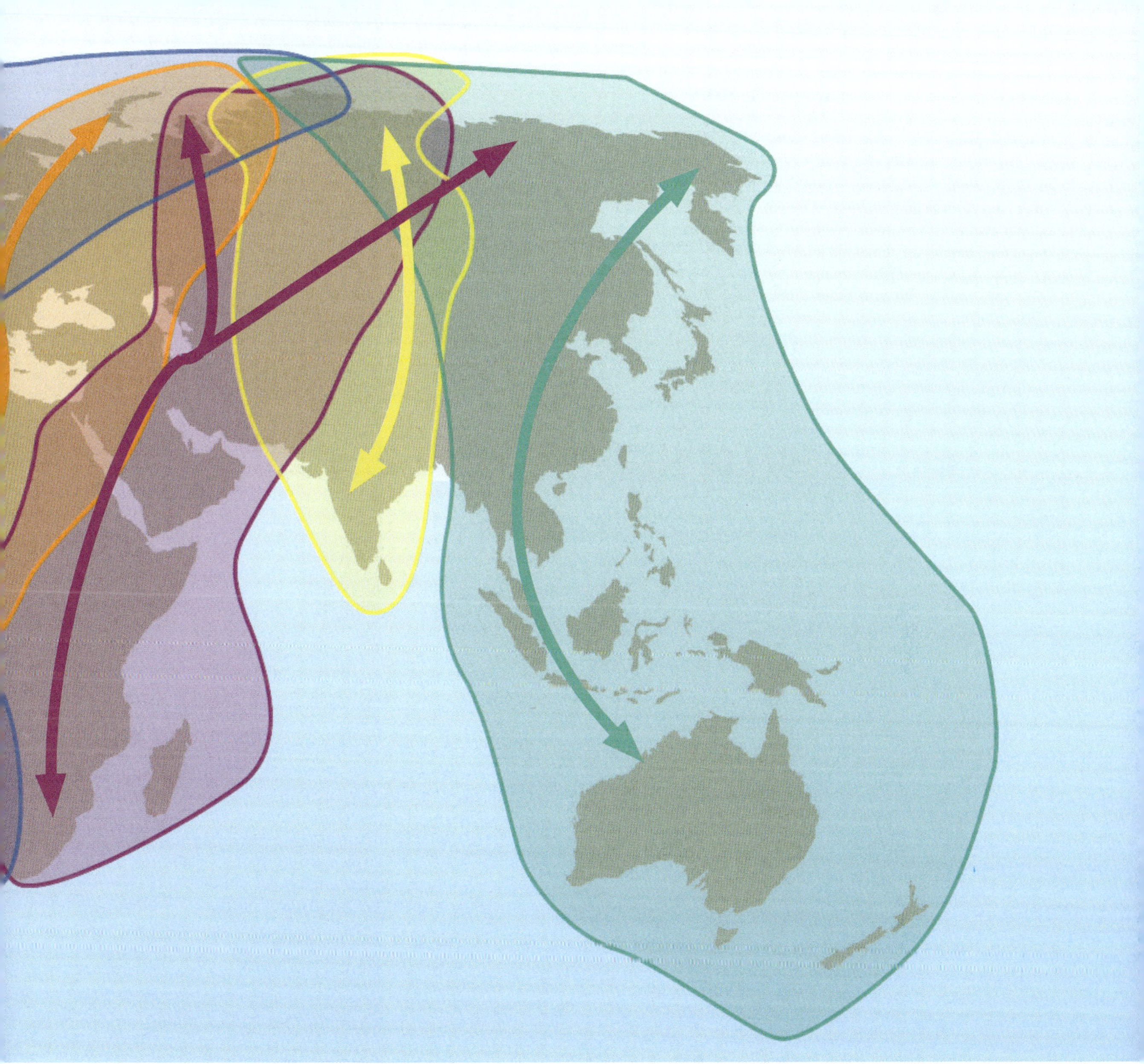

In Deutschland konnte die Zugvogeltheorie übrigens erst 1822 bestätigt werden. Zur damaligen Zeit – ohne GPS – war nicht genau bekannt, was mit den Zugvögeln, etwa den Störchen, im Winter passiert. Neben der Fernzugtheorie wurde damals unter anderem diskutiert, ob Zugvögel Winterschlaf halten oder sich in Mäuse verwandeln! Erst als mehrere sogenannte Pfeilstörche in Deutschland erlegt wurden, konnte der Vogelzug bis nach Äquatorialafrika belegt werden. Pfeilstörche sind genau das, wonach sie sich anhören: Störche, die in Afrika von einen Jagdpfeil getroffen wurden, aber nicht daran starben. Der erste bekannte Fall ist der Rostocker Pfeilstorch, der 1822 auf Schloss Bothmer bei Klütz erlegt wurde. Ihm steckte ein afrikanischer Pfeil im Hals. Er wurde ausgestopft und kann auch heute noch in der Zoologischen Sammlung Rostock besichtigt werden.

WOLFSRUDELREVIERE

Was auf den ersten Blick nach unkoordinierten Krakeleien in Microsoft Paint aussieht, sind in Wirklichkeit Daten des Voyageurs Wolf Project. Wilde Wölfe wurden dafür mit GPS-getrackten Halsbändern versehen. Jede Farbe steht für einen anderen Wolf im Voyageurs-Nationalpark im US-Bundesstaat Minnesota an der US-kanadischen Grenze. Und jeder GPS-getrackte Wolf gehört zu einem anderen Rudel. Die Karte zeigt ganz klar, dass jedes Rudel die benachbarten Jagdgründe respektiert. Die unterschiedlichen Reviere sind jeweils etwa 70 km groß. Die Daten auf dieser Karte belegen, wie sich die Wölfe den ganzen Sommer über – von April bis Oktober – bewegen. In dieser Zeit ist das Angebot an Rehkitzen, Hasen, Bibern und anderen Beutetieren groß und die Wölfe sind oft allein auf der Jagd. Im Winter schließen sie sich dann zusammen und jagen im Rudel große Tiere wie Elche und Hirsche.

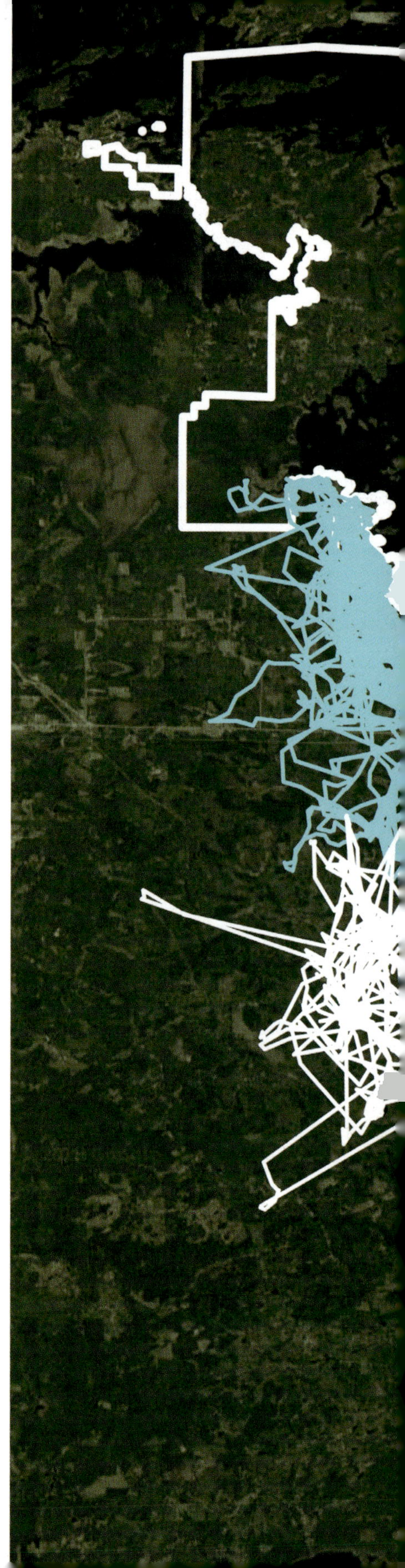

Löwen

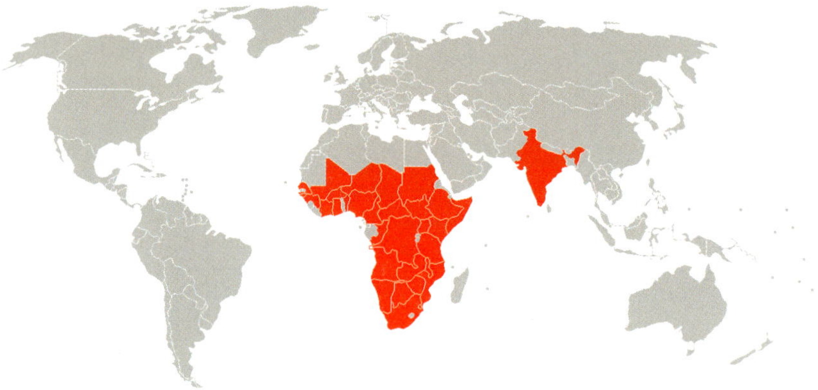

Tiger

Leoparden

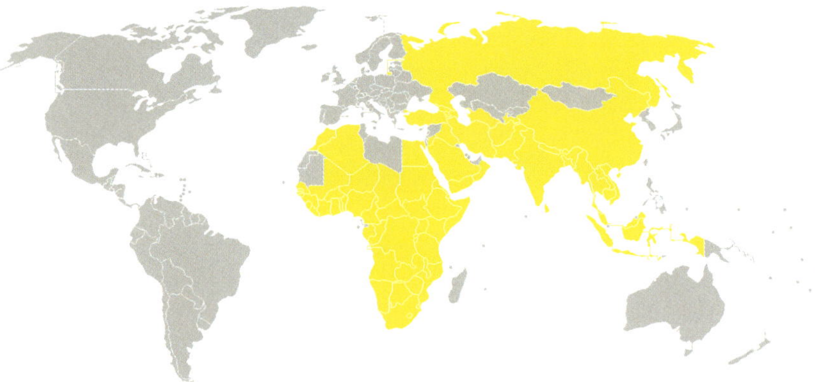

Schneeleoparden

Pumas

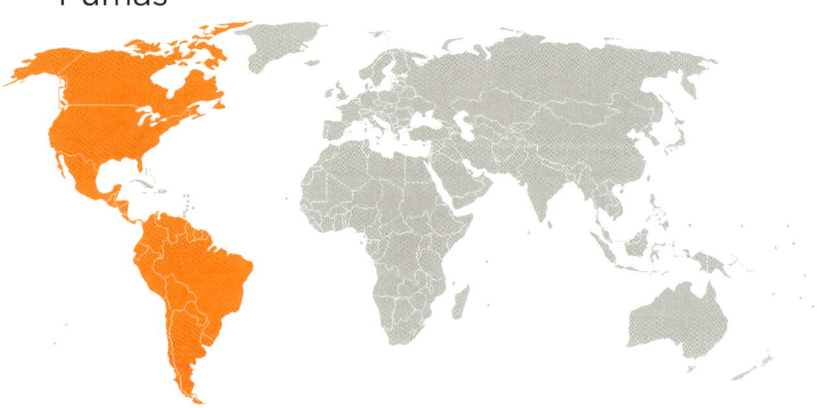

Geparden

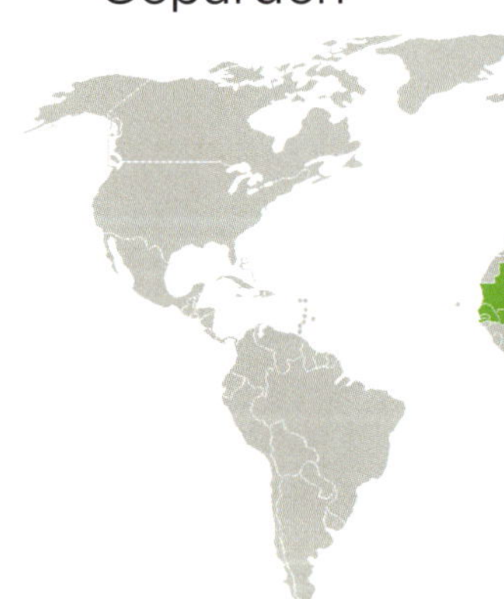

LÄNDER MIT HEIMISCHEN WILDKATZEN

Diese Serie von Weltkarten zeigt, in welchen Ländern welche großen Wildkatzen beheimatet sind. Zu sehen sind hier nicht die tatsächlichen Gebiete, in denen die Katzen leben.

Jaguare

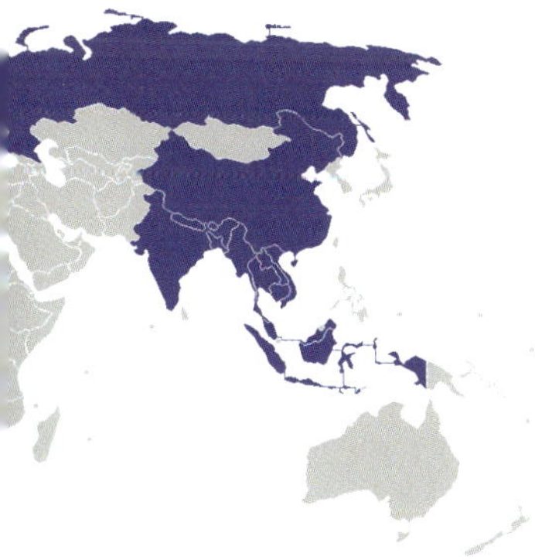

Nebelparder

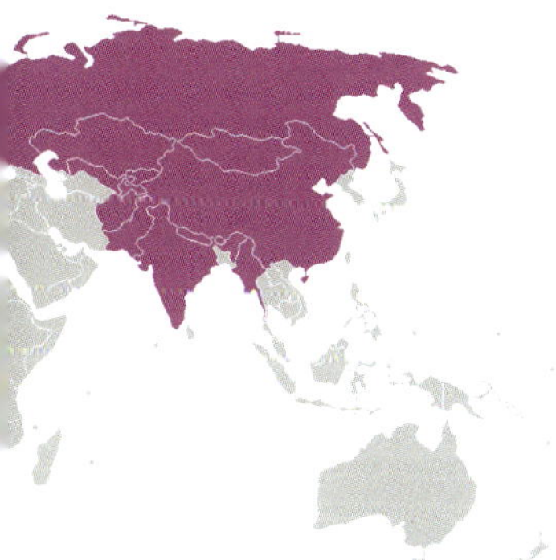

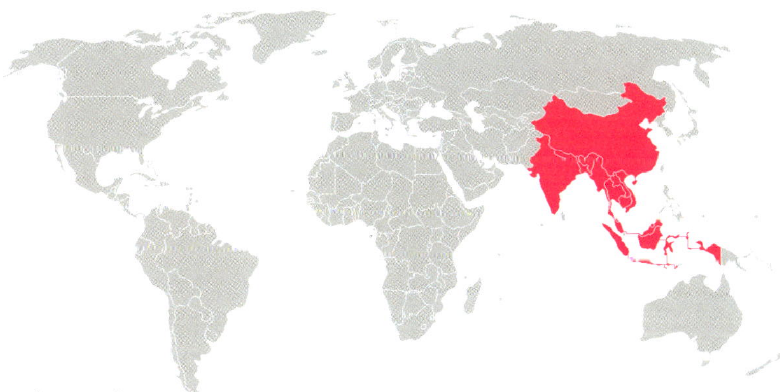

Trotz des Namens sind weder Schneeleoparden noch Nebelparder eng verwandt mit Leoparden

Luchse

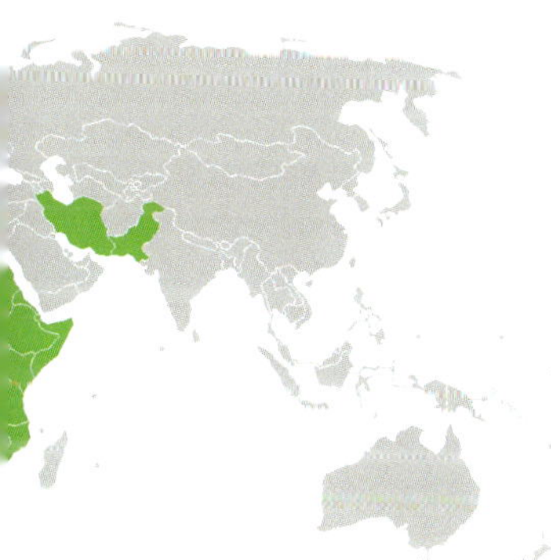

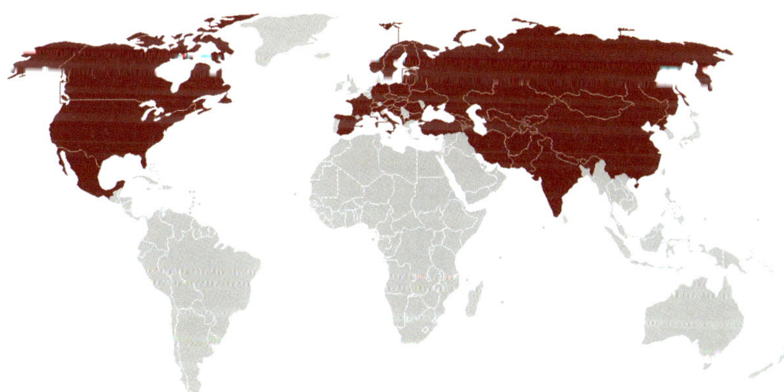

Diese wären viel zu klein, um auf einer Weltkarte gut sichtbar zu sein. Luchse sind, anders als die anderen Großkatzen, sowohl auf dem amerikanischen als auch auf dem eurasischen Kontinent anzutreffen.

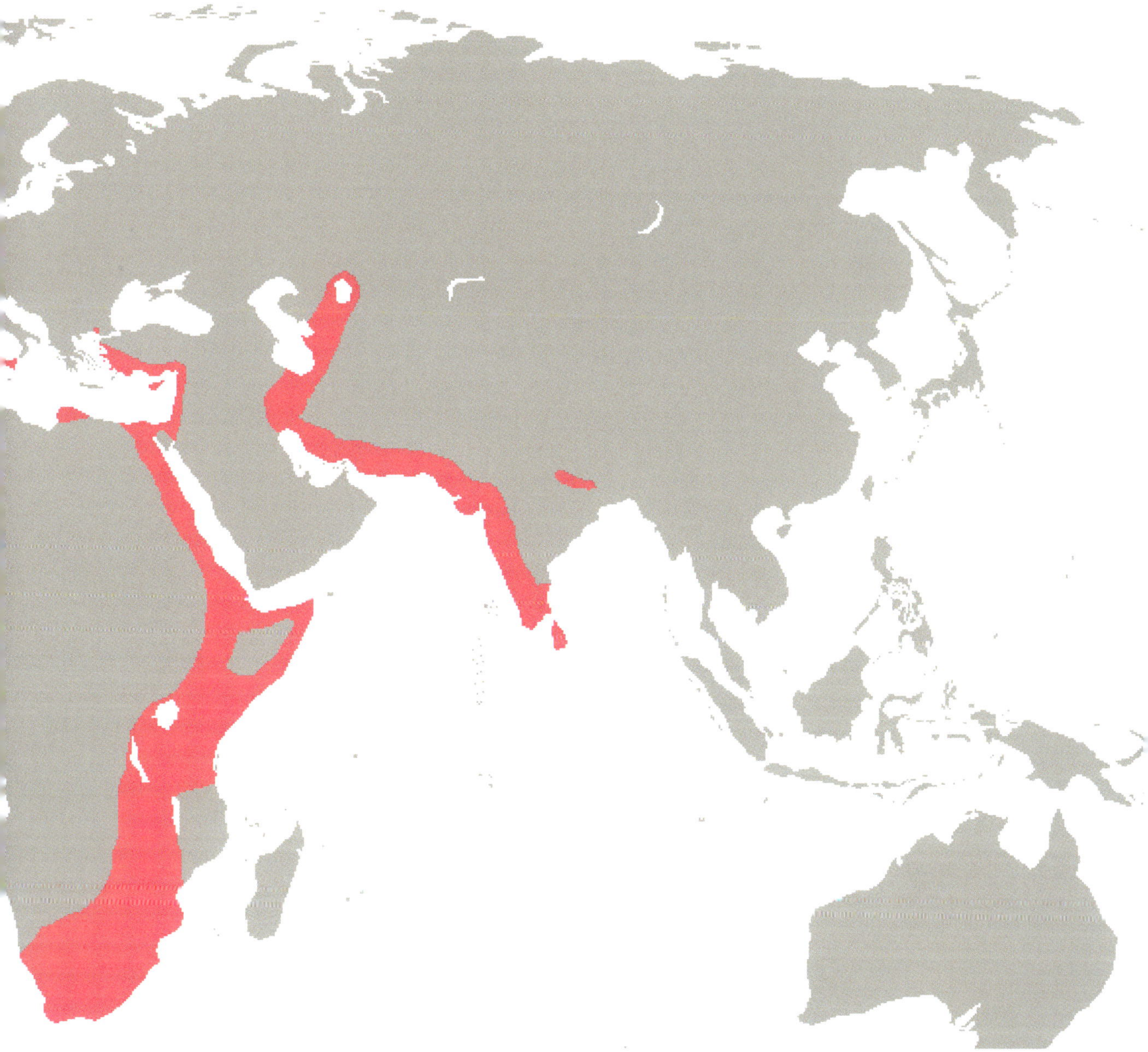

FLAMINGO-WELTKARTE

Bei Flamingos denkt man zunächst an Florida oder Afrika. Diese Karte zeigt aber, dass Flamingos weiter verbreitet sind. In zahlreichen Mittelmeerstaaten, am Kaspischen Meer und entlang der ganzen Küste vom Iran über Pakistan nach Indien sind Flamingos heimisch. Die nördlichste Flamingokolonie der Welt befindet sich im Zwillbrocker Venn in Nordrhein-Westfalen, wo jährlich 25 Flamingopaare einkehren. Der berühmte einbeinige Stand der Flamingos ist übrigens eine reine Energiesparmaßnahme. Für den Stand auf zwei Beinen benötigen Flamingos Muskelkraft, während das Balancieren auf einem Bein dank eines »Arretiermechanismus« keine Anstrengung kostet.

LEBENSRAUM DES MAMMUTS IM PLEISTOZÄN

Diese Karte zeigt uns den Lebensraum eines Tieres, das nicht mehr unter uns weilt – des Wollhaarmammuts (*Mammuthus primigenius*). Die hellblauen Teile der Karte, die sich über das Meer erstrecken, waren im Jungpleistozän dank der Eiszeit Landbrücken. Die ältesten Funde dieser Elefantenart sind 800 000 Jahre alt, ihr Aussterben liegt aber gar nicht so lang zurück – die letzten Mammuts lebten vor etwa 4000 Jahren. Zu diesem Zeitpunkt war die Cheopspyramide in Gizeh bereits vollendet. Weil dies erdgeschichtlich noch nicht so lange her ist und der sibirische Permafrost einige Exemplare außergewöhnlich gut erhalten hat, konnten Forscher 2015 das gesamte Genom des Wollhaarmammuts sequenzieren.

NUTZTIERDICHTE

Diese Kartenserie gibt Aufschluss darüber, wo welche Nutztiere leben. Rinder sind weit verbreitet, da sich gut Geld mit ihnen verdienen lässt. Büffel sind vor allem in Indien und China zu finden. Die hohe Rinder- und Büffeldichte in Indien ist natürlich auch religiösen Verboten geschuldet. Ziegen findet man in unwegsamem Terrain in ärmeren Regionen. Schafe gehörten zu den ersten Tieren, die der Mensch domestizierte; sie sind weltweit stark verbreitet. Meist leben Schafe in der Nähe von Bergen, denn das ist nicht nur ihr natürliches Habitat, sondern auch eine landwirtschaftliche Fläche, die per Ackerbau schwer zu nutzen ist. Schweine, Hühner und Enten sind mittlerweile vor allem in China konzentriert. Chinesen verspeisen diese Tiere traditionell gern und ein Großteil der Bevölkerung ist inzwischen reich genug, um regelmäßig Fleisch zu konsumieren. Vor nur 100 Jahren waren Pferde als Transportmittel und landwirtschaftliche Nutztiere in der ganzen Welt verbreitet. Mit dem Einzug des Automobils änderte sich dies; heute halten Menschen Pferde hauptsächlich als Freizeitvergnügen.

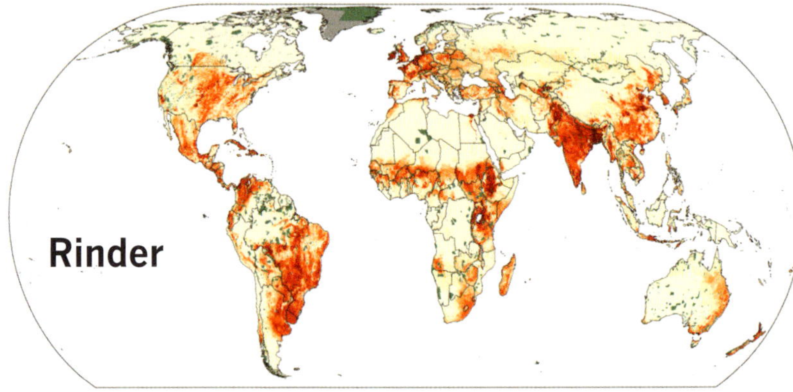

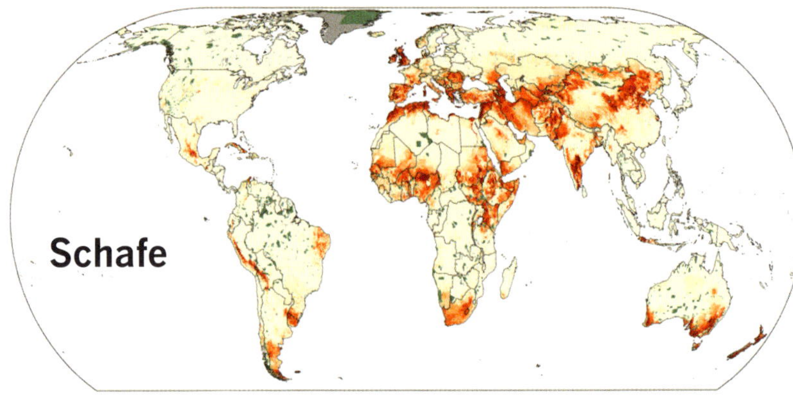

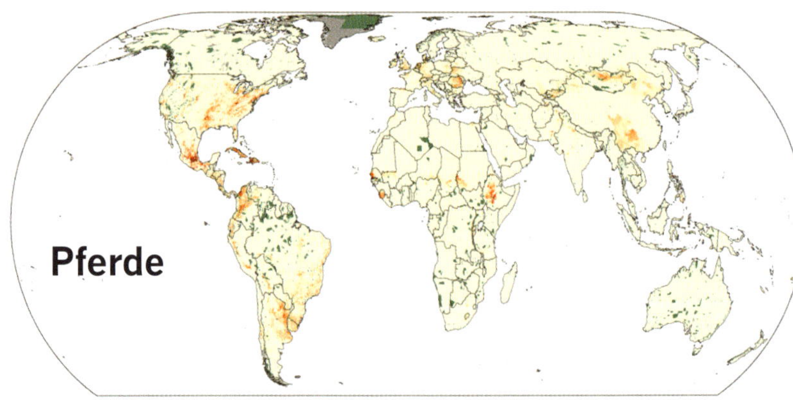

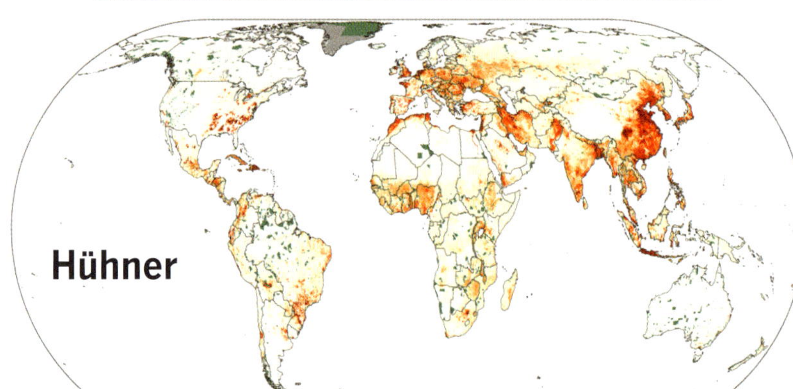

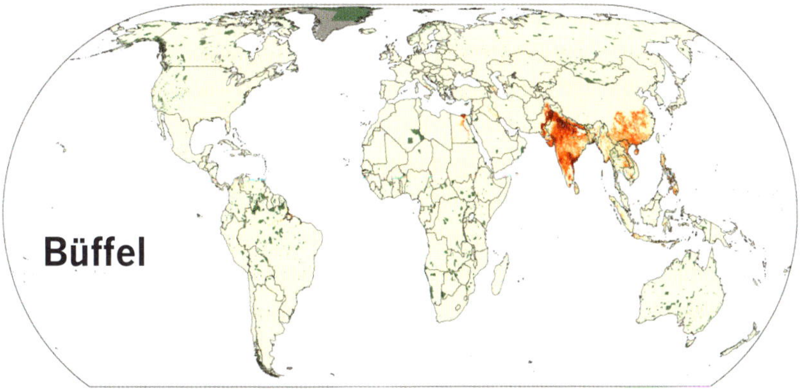

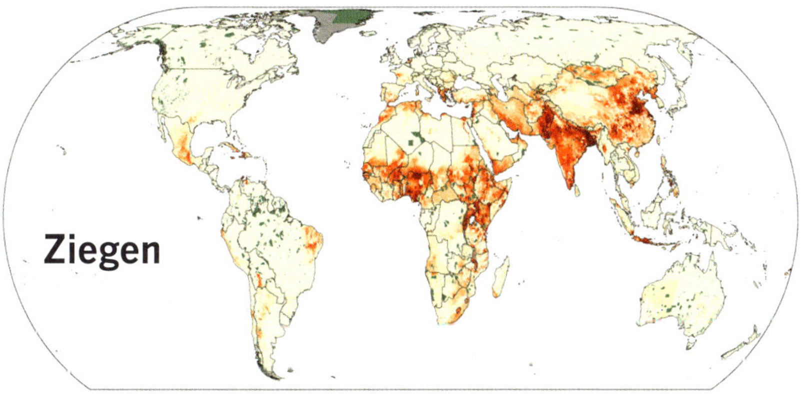

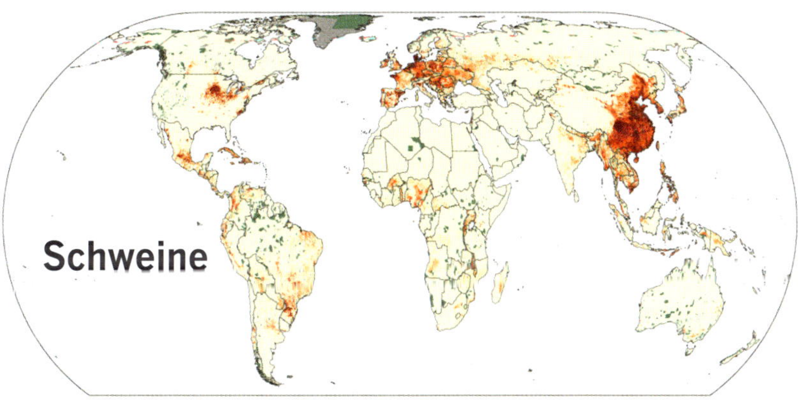

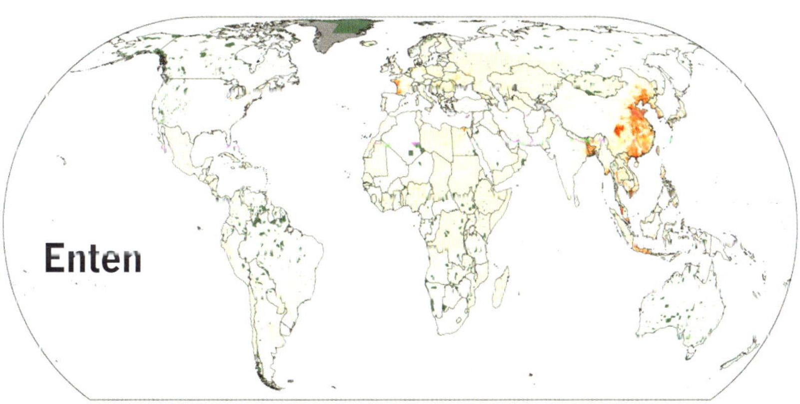

Rinder, Büffel, Schafe und Ziegen

- [0, 1)
- [1, 5)
- [5, 10)
- [10, 20)
- [20, 50)
- [50, 100)
- [100, 250)
- [250, 1e+06]

Pferde

- [0, 1)
- [1, 2)
- [2, 4)
- [4, 8)
- [8, 16)
- [16, 32)
- [32, 64)
- [64, 1e+06]

Schweine

- [0, 1)
- [1, 5)
- [5, 10)
- [10, 20)
- [20, 50)
- [50, 100)
- [100, 250)
- [250, 1e+06]

Hühner und Enten

- [0, 1)
- [1, 25)
- [25, 50)
- [50, 100)
- [100, 250)
- [250, 500)
- [500, 1000)
- [1000, 2500)
- [2500, 5000)
- [5000, 10000)
- [10000, 1e+06]

DIE WELT AUS SICHT EINES DELFINS

Wir sind nicht die einzigen Bewohner unseres Planten und nicht die einzigen intelligenten Lebewesen auf dieser Welt. Wir sind aber die einzige Spezies, die Karten erstellen kann. Daher hat der niederländische Künstler und Designer Frans Blok beschlossen, eine Karte aus

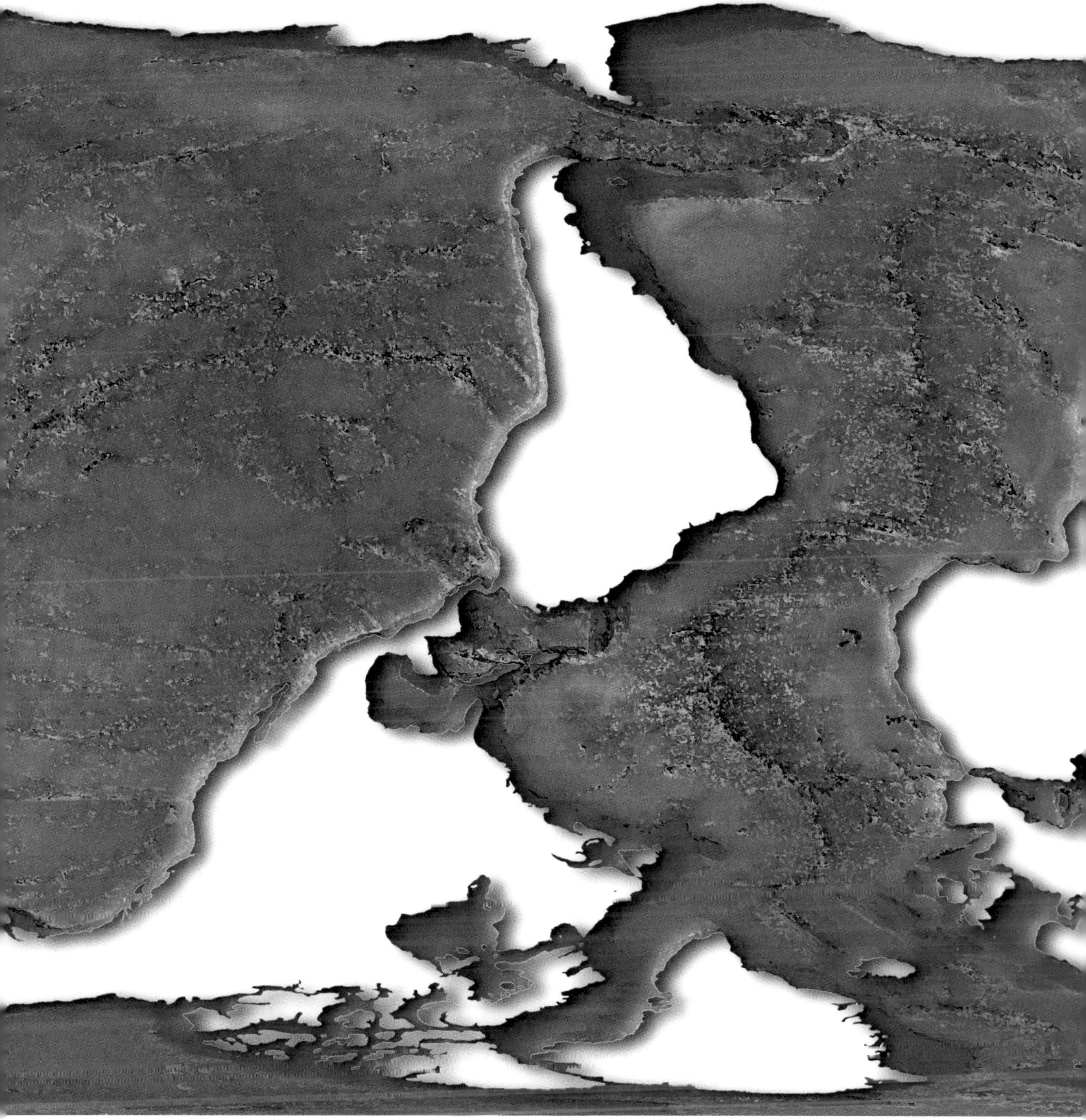

der Weltsicht der Delfine zu erschaffen. Im Pazifik leben die meisten Delfine, so ist dieser das Zentrum der Karte. Die Meerestiefen sind genau eingezeichnet. Die Karte steht spiegelverkehrt auf dem Kopf, da Delfine von unten auf die Welt blicken. Die Delfinkarte weist aber viele weiße Flecken auf, denn die Landmassen sind für Meeresbewohner nicht zu erreichen und daher Terra incognita für sie.

POLARTIERE/WOLF

TWELVE ANIMALS/HAHN

POLARTIERE/BISON

POLARTIERE/WAL

TIERWELT ALS WELTTIERE

Diese Karten zeigen die bekannten Umrisse der Kontinente und Inseln in neuer Form. Die japanische Designagentur Graflex Directions hat diese besondere Tiersammlung erstellt. Dabei entstehen die Tierformen nur durch eine neue Anordnung und Drehung der Erdteile. Die Größe der einzelnen Kontinente und Inseln wird nicht verändert. Anlass war der japanische Brauch, zu Neujahr Karten mit den traditionellen japanischen Tierkreiszeichen zu verschicken, um Freunden, Verwandten oder Geschäftspartnern Glückwünsche für das neue Jahr zu senden. Inzwischen arbeitet die Agentur mit verschiedenen Partnern zusammen, einschließlich dem WWF. Diese Arbeiten wollen der ganzen Welt mit der ganzen Weltkarte Glück und Frieden wünschen. Daher auch der Titel des Projekts: »Piece Together For Peace«.

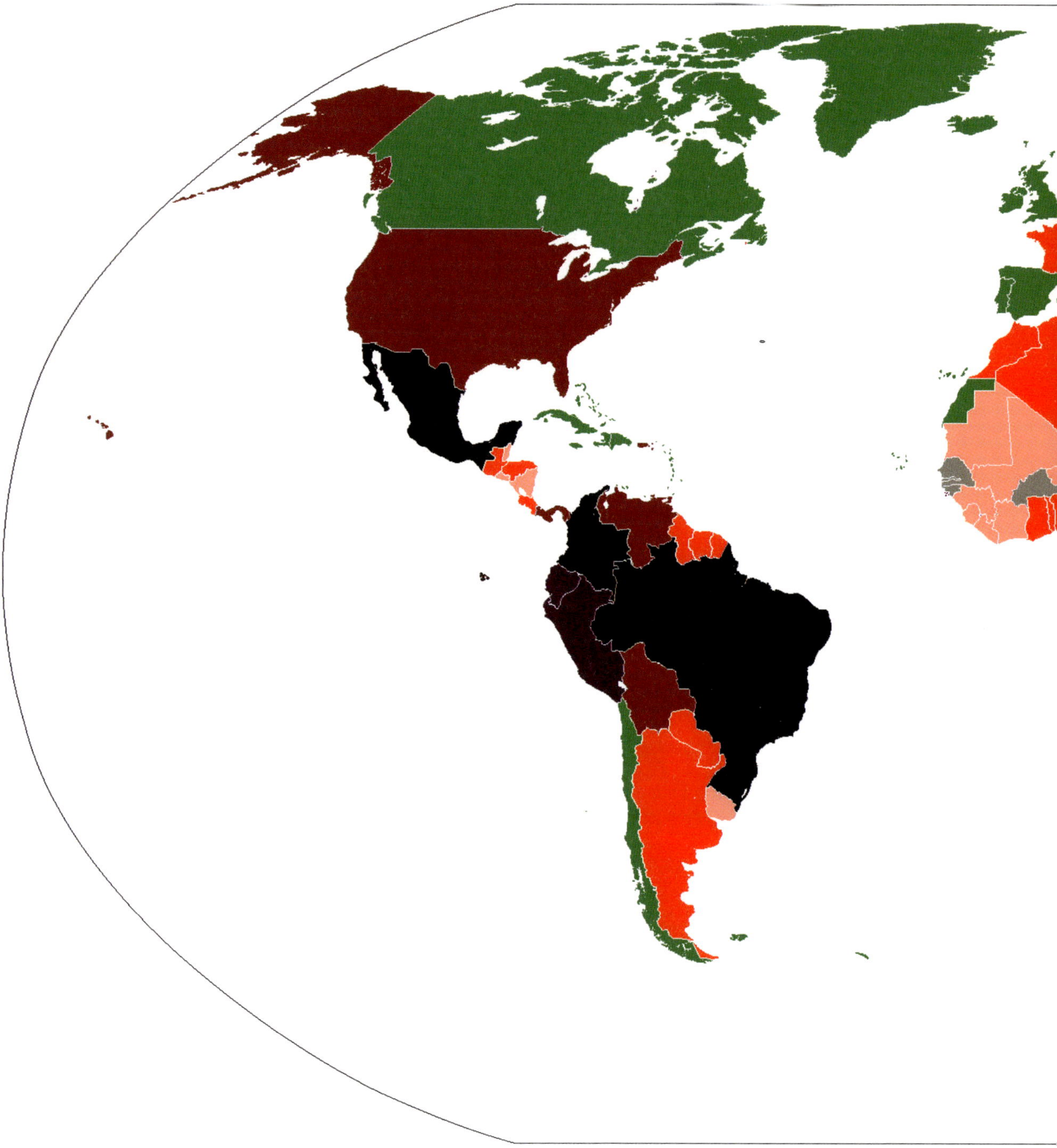

ANZAHL GIFTIGER TIERE PRO LAND

Diese Karte zeigt uns, wie für den Menschen giftige Spezies auf der Welt verteilt sind. Die meisten giftigen Tiere gibt es mit 80 Stück in Mexiko, dicht gefolgt von Brasilien mit 79 Spezies und, mit etwas Abstand, Australien mit 66 giftigen Tierarten. Diese Karte zwängt eine

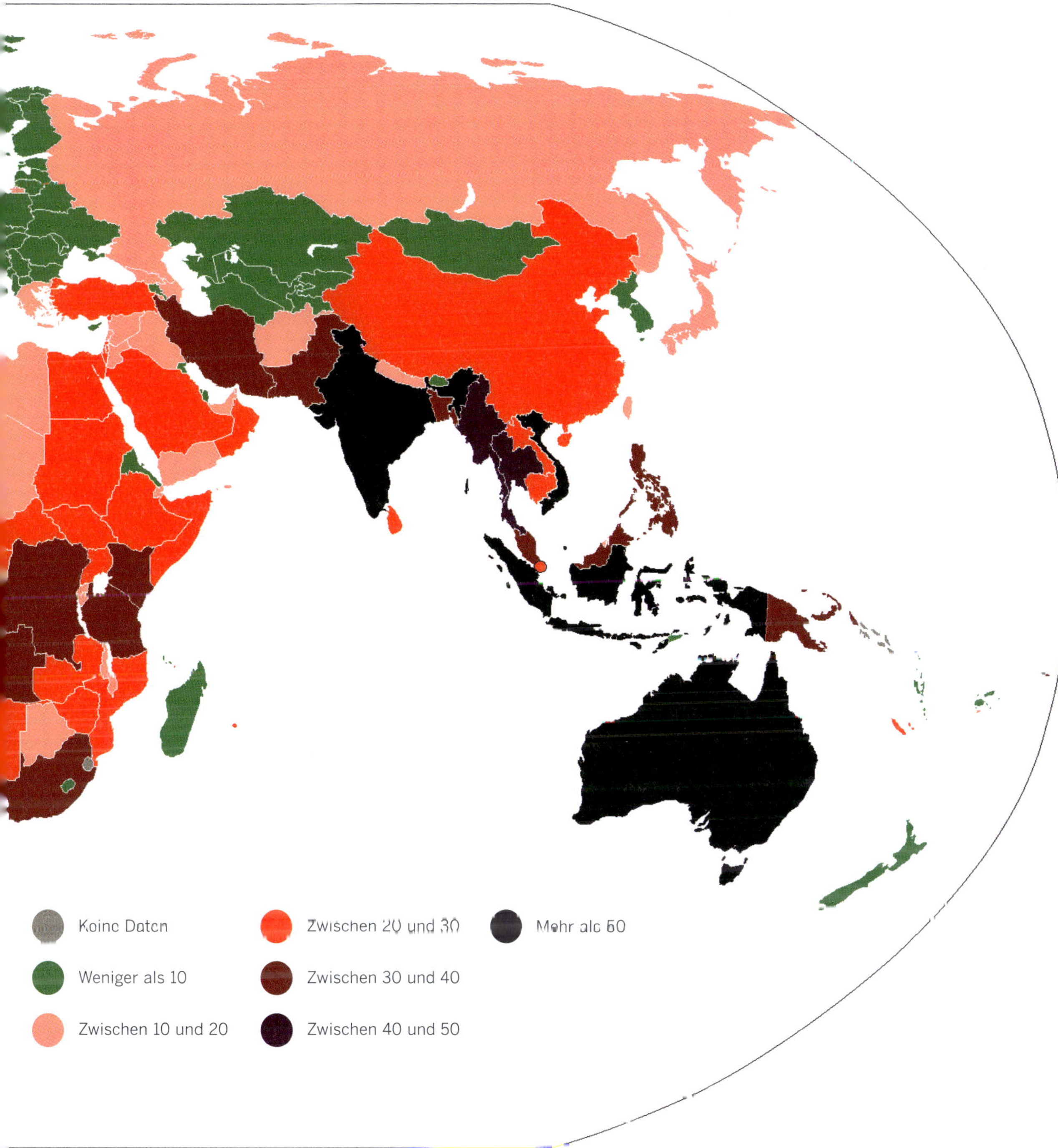

biologische Verteilung in die politischen Grenzen der Nationalstaaten. So etwas kann hilfreich sein oder eine sinnvolle Vereinfachung, aber es führt auch zu seltsamen Ungenauigkeiten. So ist Frankreich hier rot, weil Frankreich auch Französisch-Guayana an der Nordküste von Südamerika einschließt.

DER DINGOZAUN IN AUSTRALIEN

Nicht immer sind Tiere gern gesehene Gäste. Die Schafzüchter in Australien hegen zum Beispiel Dingos gegenüber keine besonders freundschaftlichen Gefühle. Schafe sind in Australien keine einheimischen Tiere und die europäischen Siedler hatten große Probleme mit den Wildhunden, denn für Dingos waren die Schafe im wahrsten Sinne des Wortes ein gefundenes Fressen. Seit den 1890er-Jahren bauten die Herdenbesitzer in Südostaustralien immer größere Zäune. Der Dog Fence Act von 1946 machte den Dingozaun in South Australia zu einer staatlichen Angelegenheit. Dabei handelt es sich tatsächlich um einen durchgehenden Zaun aus Maschendraht, ca. 180 cm hoch und 50 cm tief in der Erde. Die Länge des Zauns beträgt 5412 km – damit ist der Dingozaun das längste Bauwerk der Welt. Und die Schafzucht in Australien ist eine Erfolgsgeschichte: 30 Prozent der globalen Wollproduktion stammen vom fünften Kontinent.

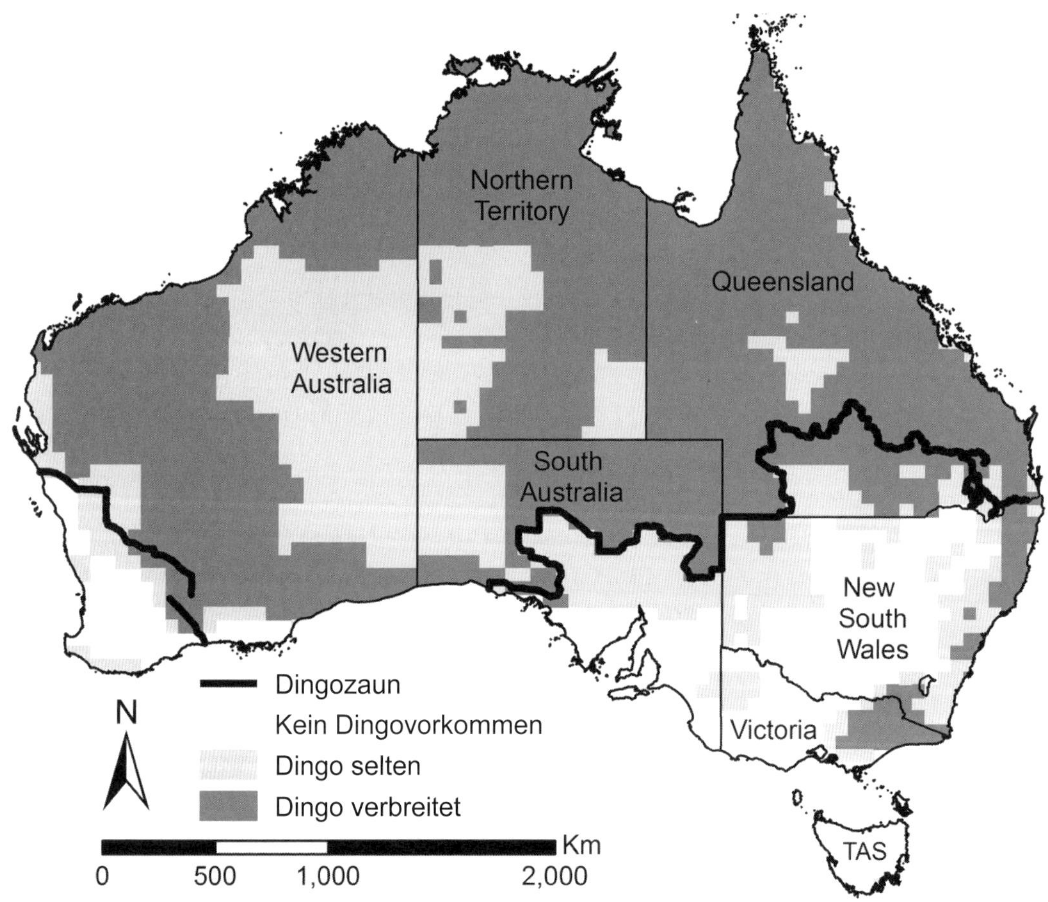

GEOGRAFISCHE TRIVIA

Dieses Kapitel beschäftigt sich mit interessantem Allerlei, mit geografischen Trivia. Als Trivia werden Daten, Fakten oder Sachverhalte ohne wissenschaftlichen oder besonderen praktischen Nutzen bezeichnet. Ich glaube nicht daran, dass stets alles einen konkreten Nutzen haben muss. Unbestreitbar nützlich sind Trivia aber auf jeden Fall beim Smalltalk. Wer ein paar interessante Trivia parat hat, kann einfacher an Gesprächen teilnehmen. Das nächste Mal, wenn sich ein Gespräch um China dreht, können Sie ab sofort von der Heihe-Tengchong-Linie reden oder beim Thema Südamerika darauf hinweisen, dass dieses genauso gut Ostamerika heißen könnte.

Sowieso setzt die Klassifizierung von Informationen als Trivia voraus, dass sich nützliches von unnützem Wissen objektiv trennen lassen könnte. Da das meiner Meinung nach nicht der Fall ist, präsentiere ich in diesem Kapitel geografische Skurrilitäten, die ich ganz subjektiv interessant finde.

PANGÄA MIT MODERNEN GRENZEN

Diese Karte wirft einen Blick in die weit zurückliegende Vergangenheit unseres Planeten. Vor 300 bis 150 Millionen Jahren waren die diversen Kontinentalplatten der Erde zu einer gigantischen zusammenhängenden Landmasse zusammengeschoben, dem Superkontinent Pangäa. Auf diesem Kontinent entstanden auch die ersten Dinosaurier. Auf der Karte sind die heutigen Landesgrenzen auf Pangäa eingezeichnet. Sie ist selbstverständlich enorm ungenau, denn ein Großteil des Landes, auf dem wir heute laufen, lag damals noch unter der Erdkruste. Aber die Karte zeigt eindrucksvoll, wie gut die Kontinente zusammenpassen – wie Teile eines Puzzles. Außerdem lädt sie zu schönen Gedankenspielen darüber ein, wie sich Länder an neuen Nachbarn erfreuen oder reiben würden. Österreich hätte in Pangäa sogar einen Meereszugang.

1. Afghanistan
2. Albanien
3. Armenien
4. Aserbaidschan
5. Bangladesch
6. Belgien
7. Benin
8. Bhutan
9. Bosnien
10. Botswana
11. Brunei
12. Bulgarien
13. Burkina Faso
14. Costa Rica
15. Dänemark
16. Deutschland
17. Ecuador
18. El Salvador
19. Elfenbeinküste
20. Eritrea
21. Estland
22. Fidschi
23. Finnland
24. Frankreich
25. Gabun
26. Georgien
27. Ghana
28. Griechenland
29. Guatemala
30. Guinea
31. Guyana
32. Hawaii
33. Honduras
34. Indien
35. Indonesien
36. Iran
37. Irland
38. Island
39. Israel
40. Italien
41. Jordanien
42. Kamerun
43. Katar
44. Kirgisistan
45. Kongo
46. Kroatien
47. Kuwait
48. Laos
49. Lesotho
50. Lettland
51. Liberia
52. Litauen
53. Madagaskar
54. Malawi
55. Malaysia
56. Marshallinseln
57. Mazedonien
58. Mikronesien
59. Myanmar
60. Nepal
61. Niederlande
62. Nordkorea
63. Norwegen
64. Österreich
65. Osttimor
66. Papua-Neuguinea
67. Philippinen
68. Polen
69. Portugal
70. Rumänien
71. Schweden
72. Schweiz
73. Senegal
74. Serbien
75. Sierra Leone
76. Slowakei
77. Slowenien
78. Somalia
79. Spanien
80. Sri Lanka
81. Südkorea
82. Südsudan
83. Suriname
84. Swasiland
85. Syrien
86. Tadschikistan
87. Taiwan
88. Thailand
89. Togo
90. Tschechien
91. Tunesien
92. Turkmenistan
93. Uganda
94. Ukraine
95. Ungarn
96. Usbekistan
97. Ver. Königreich
98. Vietnam
99. Weißrussland
100. Westsahara
101. Zentralafrikanische Rep.
102. Simbabwe
103. Zypern

87
81
62
JAPAN
CHINA
98
48
67
65
88
59
55
11
35
34
MONGOLEI
RUSSLAND
44
KASACHSTAN
86
96
1
92
IRAN
GRÖN-
LAND
23
21
50
52
99
94
26
4
3
36
71
63
15
68
76
70
38
16
90
95
37
61
64
97
6
72
24
KANADA
69
79
40
77
46
9
74
2
57
12
28
91
MAROKKO
ALGERIEN
USA
100
TÜRKEI
103
85
LIBYEN
39
41
IRAK
MAURE-
TANIEN
MALI
ÄGYPTEN
47
IRAN
73
NIGER
SAUDI-
ARABIEN
43
VAE
MEXIKO
KUBA
30
VENE-
ZUELA
75
13
TSCHAD
SUDAN
83
31
51
19
27
89
7
NIGERIA
OMAN
KOLUMBIEN
20
JEMEN
42
101
82
PAKISTAN
BRASILIEN
ÄTHIOPIEN
17
25
45
29
33
93
PAKISTAN
KONGO
KENIA
78
18
NICARAGUA
14
PERU
TANSANIA
53
BOLIVIEN
ANGOLA
PANAMA
INDIEN
PARAGUAY
SAMBIA
54
60
CHILE
NAMIDIA
102
MOSAMBIK
TIBET
10
URUGUAY
ARGENTINIEN
SUDAFRIKA
84
5
8
49
ANTARKTIS
AUSTRALIEN
INDONESIEN
66
58
56
32
22
NEUSEELAND

ANTIPODEN-WELTKARTE

Eine Frage, die viele von uns als Kinder beschäftigt hat, lautet: Wenn ich hier, wo ich jetzt stehe, ein Loch buddeln würde, das so tief ist, dass es durch die Mitte der Erde geht und auf der anderen Seite wieder herauskommt, wo würde ich dann landen? Diese Karte gibt die Antwort darauf. Kartografen nennen das eine Antipoden-Weltkarte, wörtlich eine Karte der »Gegenfüßler«. Unser Planet kennt nur wenige Länder, deren Antipoden sich ebenfalls an Land befinden. Europa, Afrika sowie ganz viel von Asien treffen auf die Weiten des Pazifiks, Australiens Gegenpart ist der Atlantik und die Antipoden von Nordamerika liegen hauptsächlich im Indischen Ozean. Einige Beispiele für Land-zu-Land-Antipoden sind Hawaii und Botswana, Argentinien und China, Neuseeland und Spanien oder Chile und Russland.

DATUMSGRENZE

Eine Reise in gerader Linie (insofern man auf unserem kugelrunden Planeten überhaupt von geraden Linien sprechen kann) kann seltsame Folgen haben, wie diese Strecke von Hawaii in die Antarktis zeigt. Wer so fliegt, überquert die Datumsgrenze sage und schreibe sieben Mal. Da wird aus dem Heute ein Morgen, dann wieder Heute und wieder Morgen und wieder Heute und wieder Morgen, wieder Heute und dann schließlich Morgen. Diese bizarre Zeitreise hat ihren Grund in den Ländern, die sich hier über die kleinen Inseln und Atolle des Pazifiks erstrecken. Der ungewöhnliche Haken der Datumsgrenze, der auf der Karte zu sehen ist, ist der Republik Kiribati geschuldet. Die Kleinstnation mit nur etwa 110 000 Einwohnern besitzt nur 811 km² Landmasse, diese hat aber eine enorme Ausdehnung: 2051 km von der nördlichsten zur südlichsten Insel und ganze 4567 km in ost-westlicher Richtung. Das macht die Staatsfläche 5,3 Millionen km² groß, etwa halb so groß wie die USA. Und Kiribati erstreckt sich sowohl über den Äquator als auch über den 180. Längengrad – damit liegt der Staat als einziger zugleich in der nördlichen, südlichen, westlichen und östlichen Hemisphäre der Erde. Ursprünglich verlief die Datumsgrenze durch Kiribati hindurch und bescherte dem Land zwei Tagesdaten. Das wurde dann irgendwann zu kompliziert, weshalb Kiribati am 1. Januar 1995 sein Tagesdatum für die ganze Nation vereinheitlichte und nach Westen, Richtung Australien, verschob.

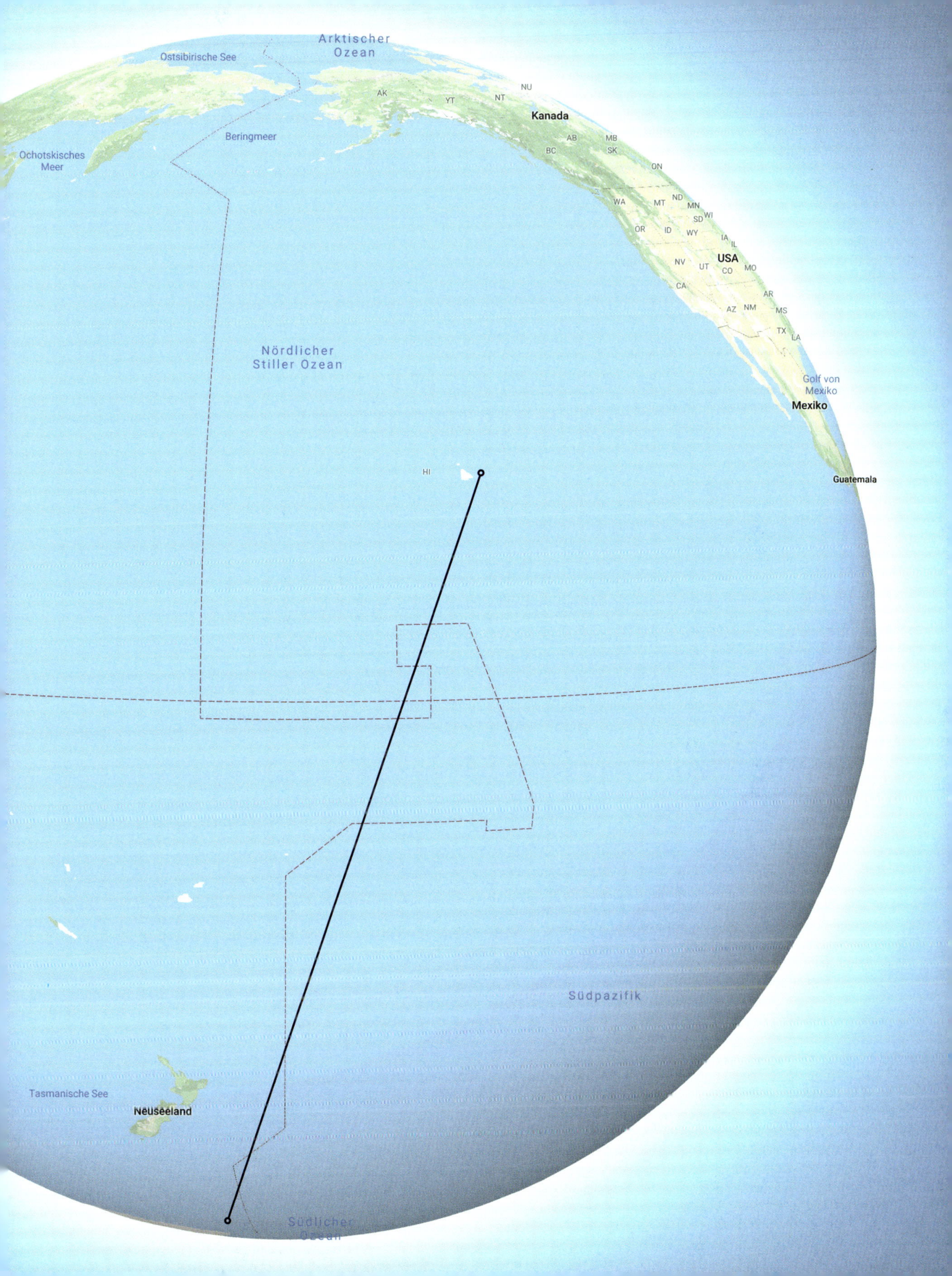
Arktischer Ozean
Ostsibirische See
Beringmeer
Ochotskisches Meer
AK
YT
NT
NU
Kanada
AB
MB
BC
SK
ON
WA
MT
ND
MN
WI
SD
OR
ID
WY
IA
IL
NV
UT
USA
CO
MO
CA
AR
AZ
NM
MS
TX
LA
Golf von Mexiko
Mexiko
Guatemala
Nördlicher Stiller Ozean
HI
Südpazifik
Tasmanische See
Neuseeland
Südlicher Ozean

KANADA WOHNT UNTERHALB DER ROTEN LINIE

Wohin sollte man auswandern, wenn man es gerne einsam mag? Kanada wäre ein gutes Ziel – besonders der Norden des Landes. Es ist das zweitgrößte Land der Erde, aber auch eines der Länder mit der geringsten Bevölkerungsdichte. Ein paar große Städte und Ballungszentren, wie Toronto im Süden, bilden die Ausnahme. In diesem kleinen Zipfel des Landes sammelt sich die Hälfte aller Kanadier, während sich die anderen 50 Prozent dünn auf die Weiten des Nordens und Westens verteilen. Am einsamsten wird es ganz im Norden, in der Region Nunavut, die allein sechsmal so groß ist wie Deutschland. Dort wohnen genauso viele Menschen wie im sächsischen Hoyerswerda (33 000 Einwohner). Das ergibt eine Bevölkerungsdichte von 0,02 Menschen pro km^2.

50 % aller Kanadier leben nördlich dieser Linie
50 % aller Kanadier leben südlich dieser Linie

GRÖNLAND LIEGT NÖRDLICHER, SÜDLICHER, WESTLICHER UND ÖSTLICHER ALS ISLAND

Klingt unmöglich, ist aber wahr: Grönland liegt weiter nördlich, weiter südlich, weiter westlich und auch weiter östlich als Island. Das liegt daran, dass Grönland die größte Insel der Erde ist – zumindest wenn wir weder Antarktika noch Australien zählen, da sie Kontinente sind. Deshalb ist Grönland auf der Erdkugel viel weiter ausgedehnt als Island. Grönland liegt übrigens auch gleichzeitig in Amerika, in der Arktis und in Europa – politisch ist es nämlich ein Bestandteil Dänemarks, geologisch liegt es in der Arktis und geografisch gehört es zu Nordamerika.

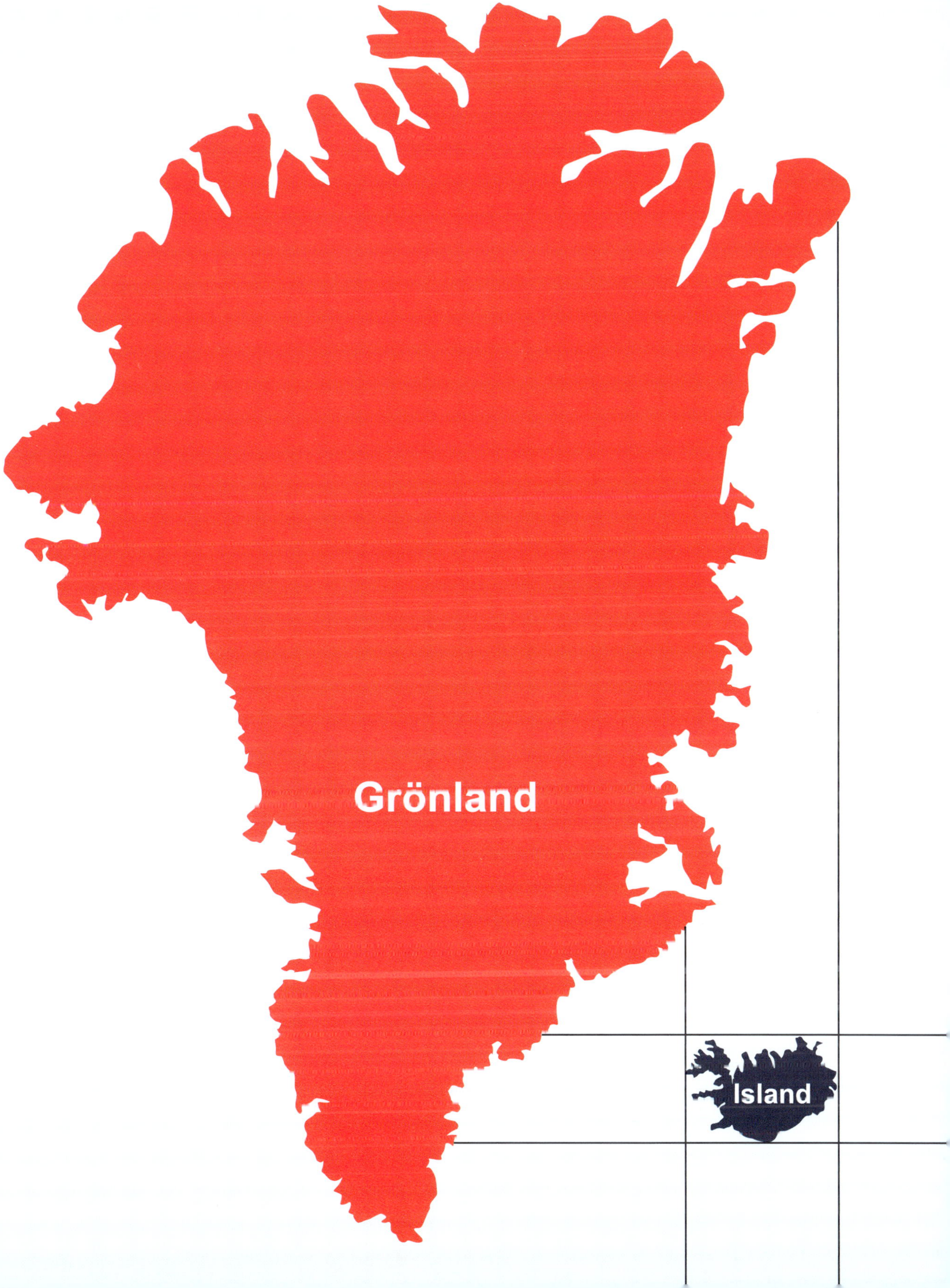
Grönland
Island

SÜDAMERIKA IST AUCH OSTAMERIKA

Aus der Sicht der USA könnte Südamerika auch als Ostamerika betrachtet werden. Ganz Südamerika liegt nämlich östlich des US-Bundesstaats Michigan sowie der Stadt Tampa in Florida. So richtig nützlich ist dieser Fakt zwar nicht, aber ab sofort wird es Ihnen unmöglich sein, ihn nicht zu erwähnen, wenn von Südamerika oder Michigan die Rede ist.

KANADA
Ottawa
Toronto
New York
VEREINIGTE
STAATEN
Washington
BAHAMAS
EXIKO
Havanna
DOMINIKANISCHE
REPUBLIK
KUBA
Kingston
HONDURAS
NICARAGUA
Caracas
PANAMA
Medellín
VENEZUELA
KOLUMBIEN
ECUADOR
PERU
BOLIVIEN

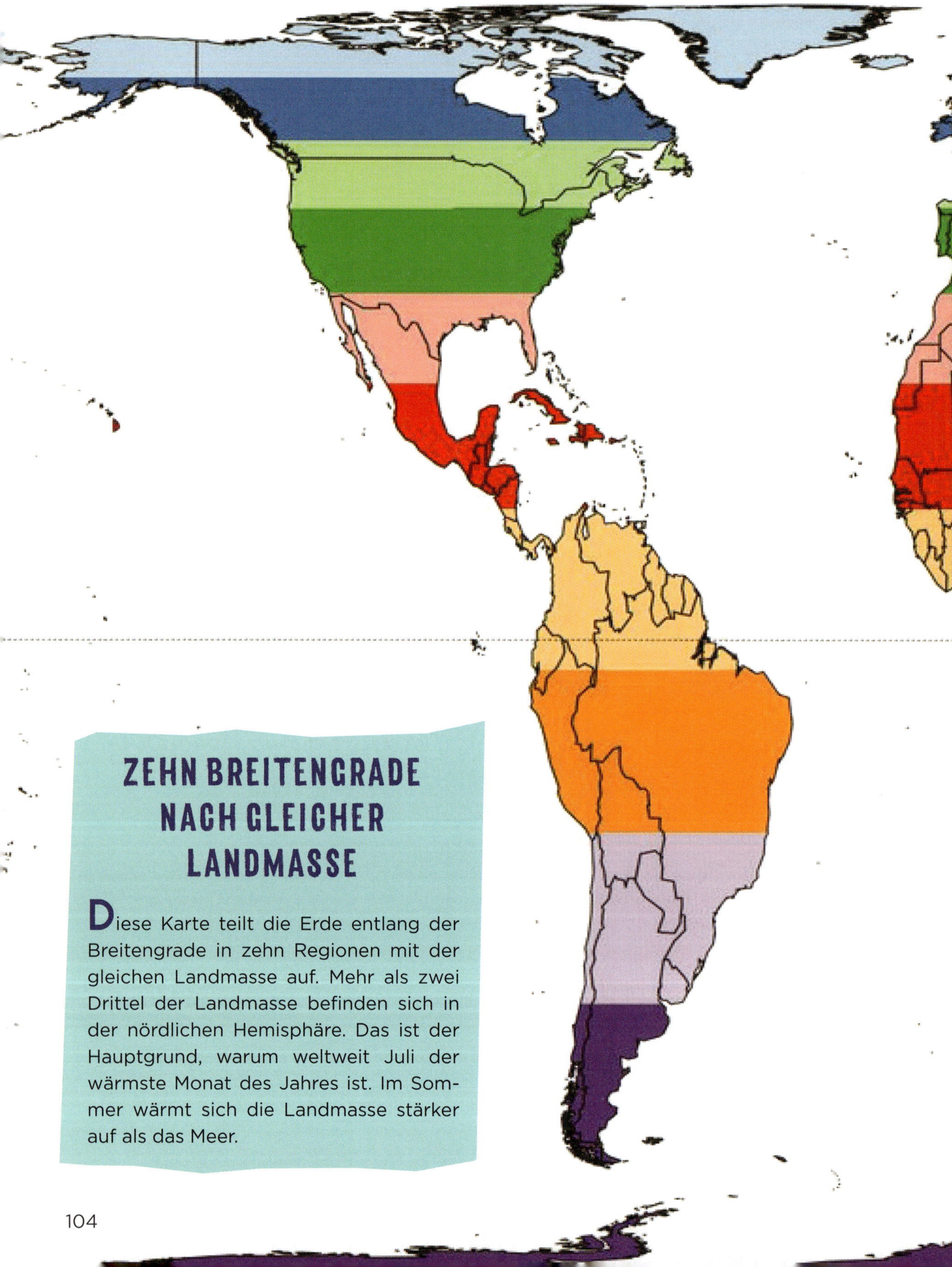

ZEHN BREITENGRADE NACH GLEICHER LANDMASSE

Diese Karte teilt die Erde entlang der Breitengrade in zehn Regionen mit der gleichen Landmasse auf. Mehr als zwei Drittel der Landmasse befinden sich in der nördlichen Hemisphäre. Das ist der Hauptgrund, warum weltweit Juli der wärmste Monat des Jahres ist. Im Sommer wärmt sich die Landmasse stärker auf als das Meer.

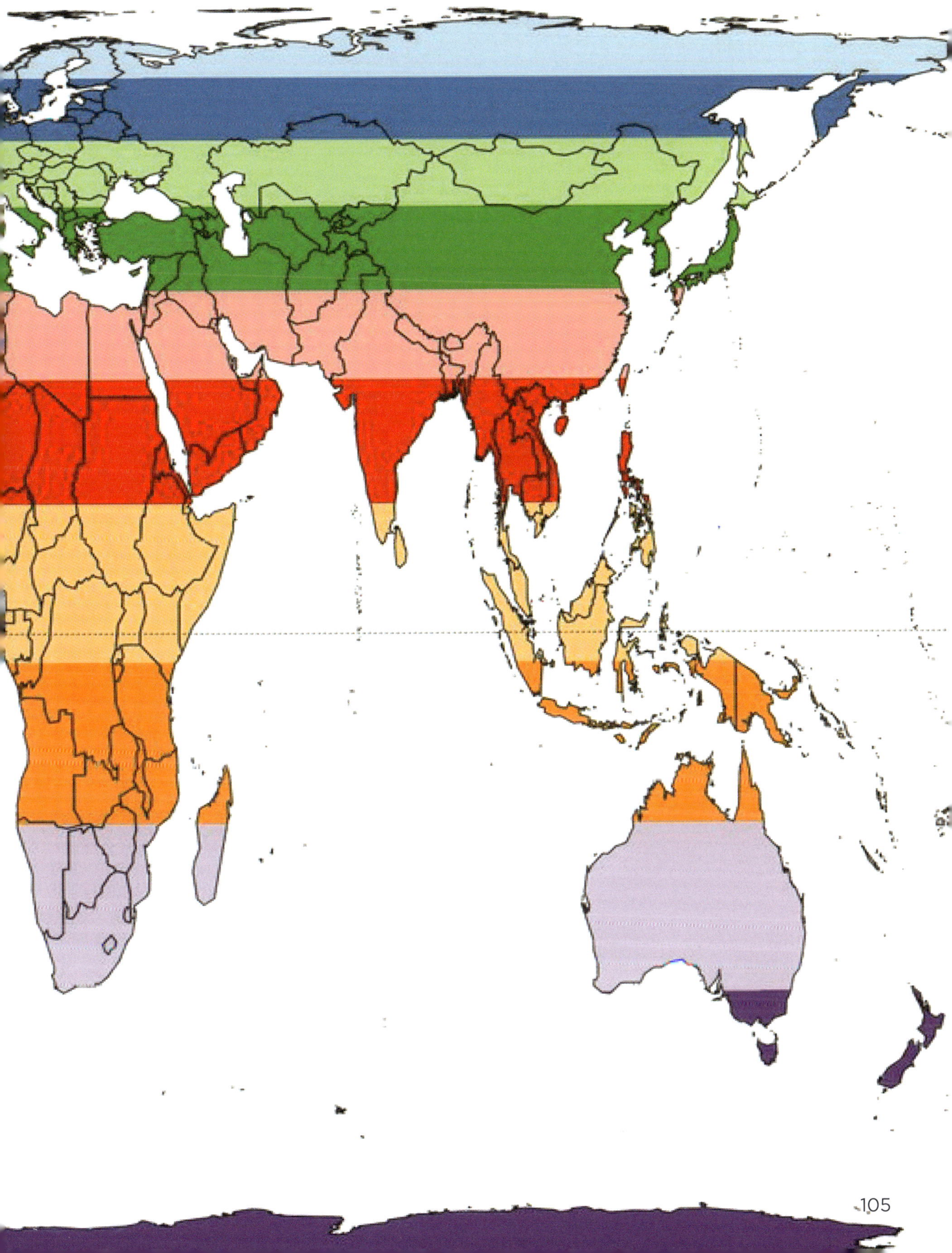

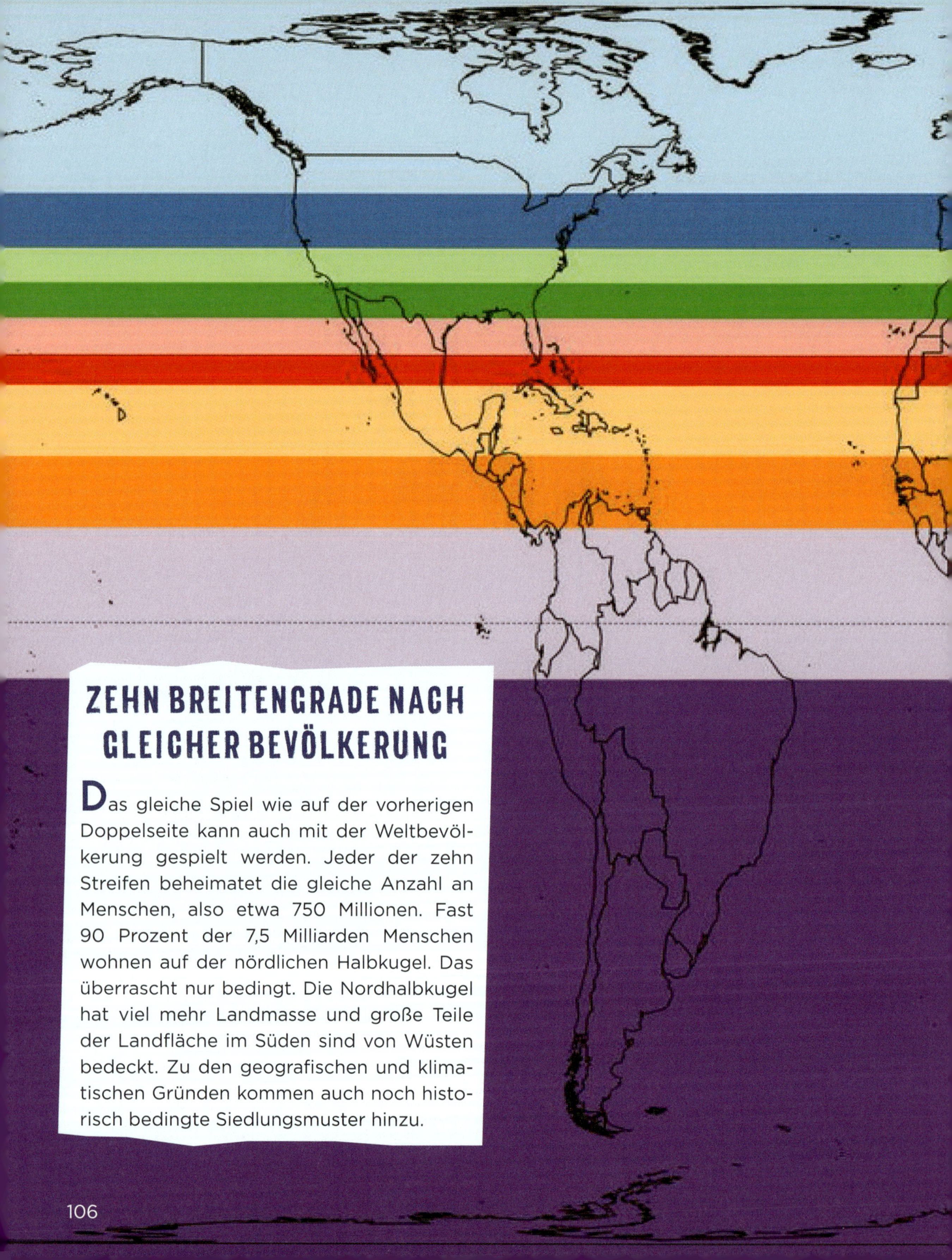

ZEHN BREITENGRADE NACH GLEICHER BEVÖLKERUNG

Das gleiche Spiel wie auf der vorherigen Doppelseite kann auch mit der Weltbevölkerung gespielt werden. Jeder der zehn Streifen beheimatet die gleiche Anzahl an Menschen, also etwa 750 Millionen. Fast 90 Prozent der 7,5 Milliarden Menschen wohnen auf der nördlichen Halbkugel. Das überrascht nur bedingt. Die Nordhalbkugel hat viel mehr Landmasse und große Teile der Landfläche im Süden sind von Wüsten bedeckt. Zu den geografischen und klimatischen Gründen kommen auch noch historisch bedingte Siedlungsmuster hinzu.

HEIHE-TENGCHONG-LINIE

Die Heihe-Tengchong-Linie (auch Aihui-Tengchong-Linie genannt) ist eine imaginäre Linie, die die Fläche Chinas in zwei etwa gleich große Teile aufteilt. Diese Linie verläuft diagonal quer durch China, vom Ort Heihe in der Provinz Heilongjiang nach Tengchong in der Provinz Yunnan. Der westliche gelbe Teil der Karte macht 57 Prozent der Fläche aus, darin leben aber nur 6 Prozent der Bevölkerung. Der rote Bereich östlich der Linie nimmt dementsprechend 43 Prozent der Fläche ein und wird von 94 Prozent der Bevölkerung bewohnt. Diese Verteilung der Bevölkerung ist keine neue Entwicklung. Schon immer waren die Schwemmebenen und Küsten dicht besiedelt. Im Hinterland Chinas herrscht hingegen ein unwirtliches oder gar lebensfeindliches Wüstenklima, hier liegen die Wüsten Taklamakan und Gobi. Auch der rasante Bevölkerungszuwachs, den China in den letzten Jahrzehnten erlebt hat, ist ausschließlich östlich der Heihe-Tengchong-Linie erfolgt.

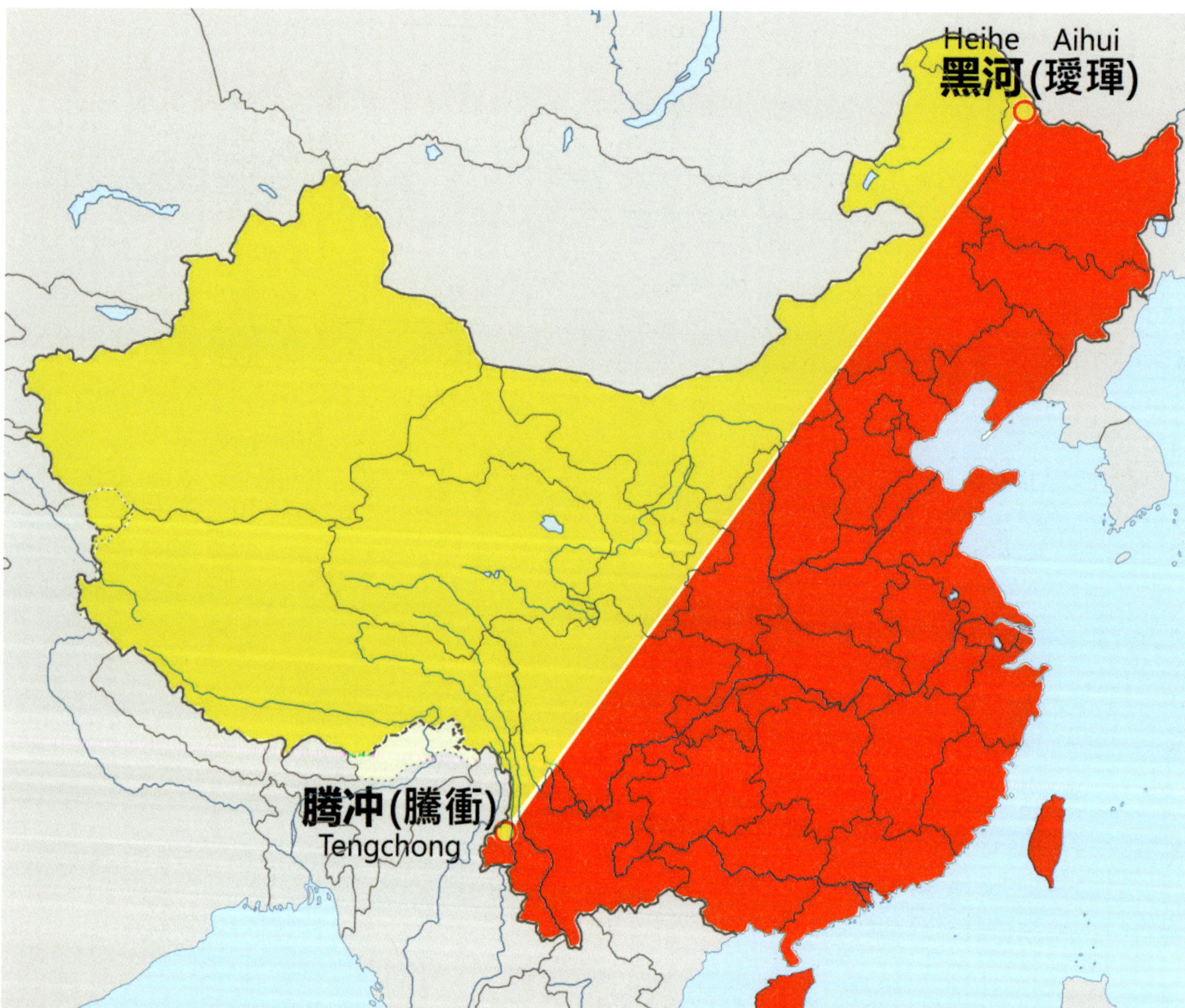

GRÖßENVERGLEICHE

Zu den schönsten Kartenspielereien gehören Größenvergleiche verschiedenster Art. Wenn wir etwas über Bevölkerungsdaten, den Radius eines »Jahrhunderthurrikans« oder die Wirtschaftsgröße eines Landes lesen, können wir diese Zahlen oft nicht wirklich einordnen. Was heißt es, wenn ein Hurrikan einen Durchmesser von 675 km hat? Jaja, Pluto ist nur ein Zwergplanet, aber sicher trotzdem noch ein riesiges Trumm, oder? Besonders große Zahlen haben für uns keine Bedeutung, wenn sie ohne Kontext aufgeführt werden. Wir können Daten nur dann korrekt einordnen, wenn wir sie mit etwas uns Bekanntem in Relation setzen. Im Datenjournalismus gilt die Regel, dass jede Zahl in Bezug zu einer Benchmark gesetzt werden muss. Diese Vergleichswerte nehmen die verschiedensten Formen an. Wird etwa über das Bevölkerungswachstum in Sachsen berichtet, so kommen als Benchmarks der bundesdeutsche Durchschnitt oder zumindest der Vorjahreswert für Sachsen in Frage. Gewitzte Journalisten oder Kartografen lassen sich aber oft ein paar besonders originelle Vergleichswerte einfallen. Als Kartenfan freue ich mich natürlich immer über visuelle Hilfestellungen. Gerade im Journalismus oder in Sachbüchern fehlt mir das häufig. Das liegt natürlich daran, dass die schönen visuellen Vergleiche normalerweise nicht von den Journalisten und Autoren selbst erstellt werden, sondern von Designern oder Kartografen. Wie so oft hängt es also einfach mit Zeitdruck und begrenzten Ressourcen zusammen, dass wirklich gelungene Größenvergleiche ausbleiben. Umso mehr habe ich mich über die Fundstücke auf den nächsten Seiten gefreut.

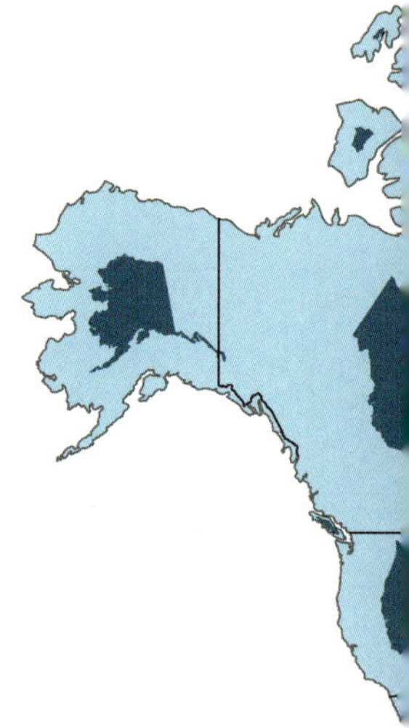

MERCATOR-PROJEKTION

Die vielleicht wichtigste Größenvergleichskarte kommt von einem der einflussreichsten Kartografen in der Online-Kartenszene: Neil Kaye, der für den britischen Wetterdienst arbeitet. Die nach wie vor sehr populäre Mercator-Projektion vergrößert die Fläche von Regionen, die weit vom Äquator entfernt sind, deutlich mehr als äquatornahe Regionen. Die Karte vergleicht die Mercator-Projektion (hellblau) mit der tatsächlichen Größe von Ländern (dunkelblau). Wir sehen, wie die Projektion in einem aufgeblasenen Russland, einem monströsen Grönland und einem etwas vergrößerten Europa resultiert. Meist schneiden Kartografen Antarktika von Mercator-Projektionen ab. Diese Karte zeigt aber eindrucksvoll, wie sehr die Südpolregion verzerrt wird.

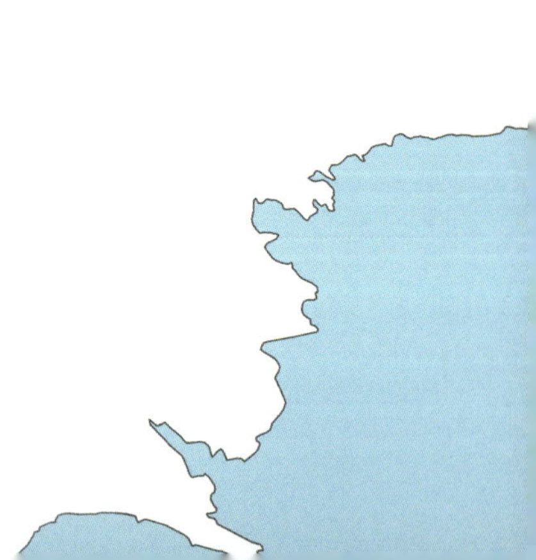

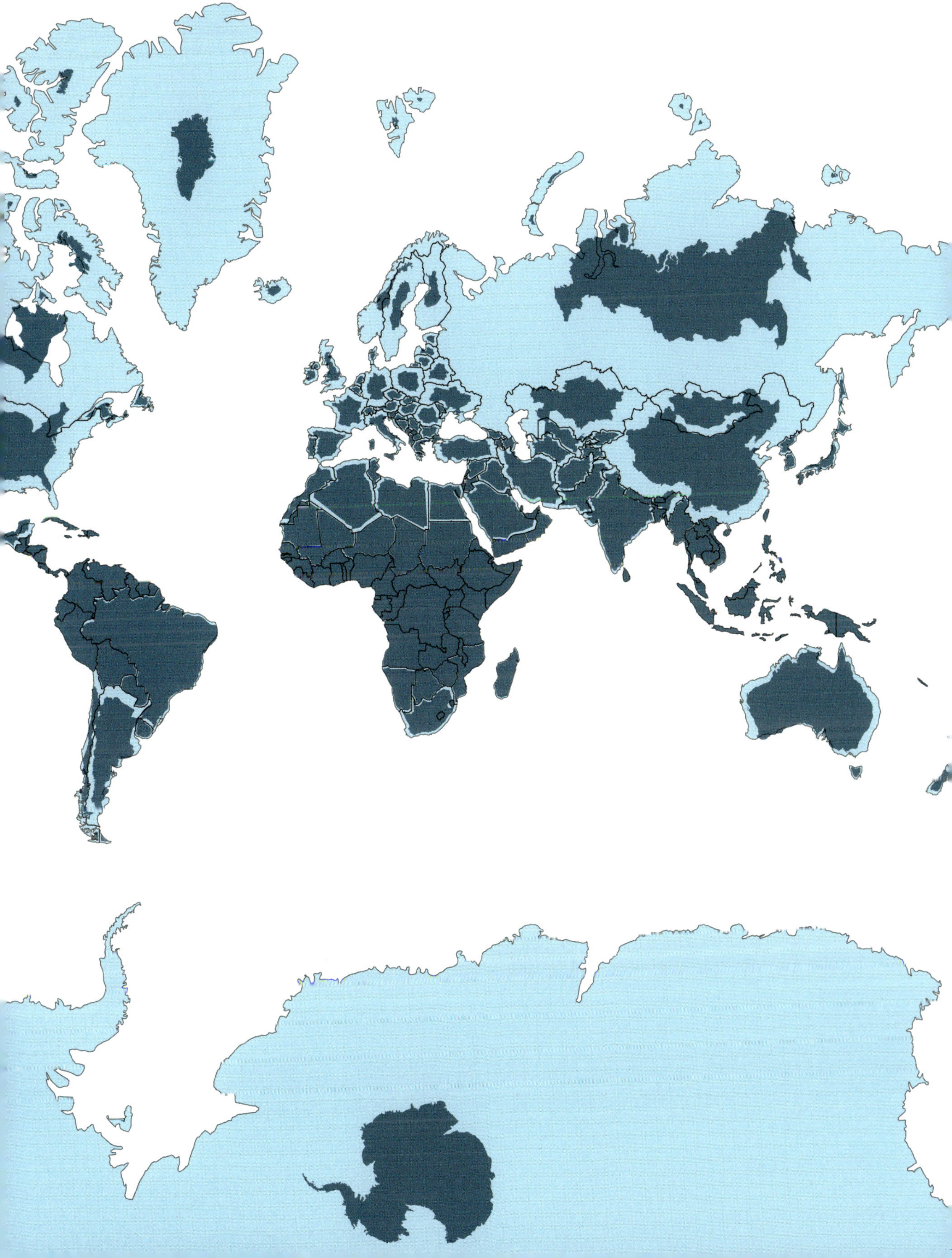

DIE WAHRE GRÖSSE AFRIKAS

Für viele Menschen im Westen stellt Afrika vermutlich die größte geografische Wissenslücke dar. Diese Karte versucht, die Lücke etwas zu stopfen, und zeigt, wie groß der afrikanische Kontinent wirklich ist. Auf Mercator-Karten sehen die Landmassen nördlich von Afrika größer aus, als sie es eigentlich sind. Das lässt wiederum Afrika kleiner aussehen, als es eigentlich ist. Wenn wir jetzt die Umrisse Afrikas mit uns vielleicht mehr vertrauten Landmassen auffüllen, bekommen wir ein besseres Verständnis für die Größe des Kontinents.

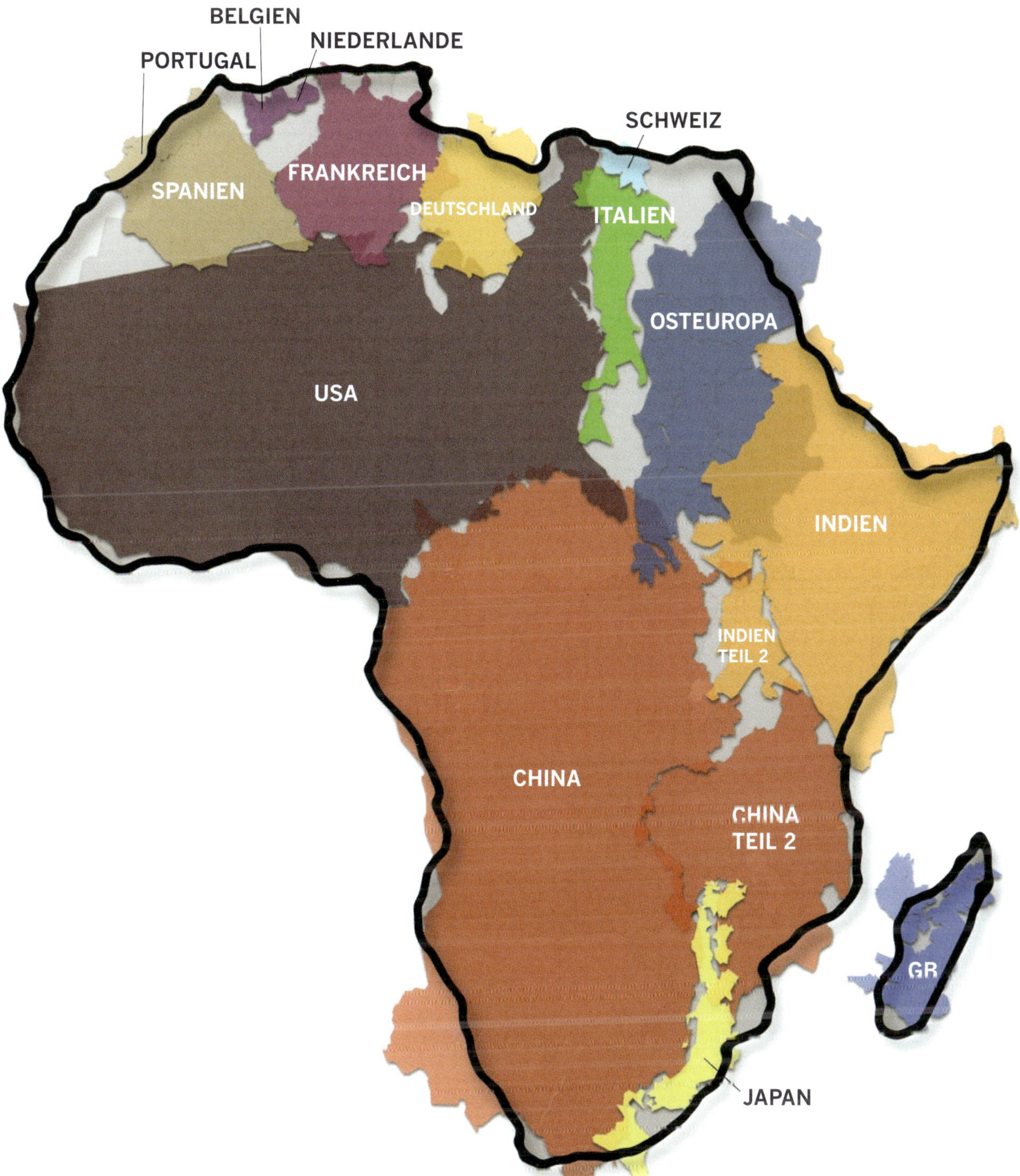
BELGIEN
NIEDERLANDE
PORTUGAL
SCHWEIZ
SPANIEN
FRANKREICH
DEUTSCHLAND
ITALIEN
OSTEUROPA
USA
INDIEN
INDIEN TEIL 2
CHINA
CHINA TEIL 2
GB
JAPAN

FLÜSSE UND SEEN DER WELT

Eine der spektakulärsten Größenvergleichskarten wurde 1851 von James Reynolds in London erstellt. Flüsse und Seen aus der ganzen Welt werden hier nebeneinander dargestellt – selbst wichtige Städte entlang der Flüsse sind eingezeichnet. Es ist sofort ersichtlich, dass die mächtige Donau von zahlreichen Flüssen (die wir als Europäer vielleicht gar nicht so genau kennen) überthront wird. Die Karte ist nun fast 200 Jahre alt, da überrascht es nicht, dass sich einige physische Realitäten stark verändert haben. So ist etwa der Aralsee (Nummer 17) mittlerweile fast komplett ausgetrocknet und wäre wohl auf einer Neuauflage der Karte gar nicht mehr zu finden.

PANORAMIC PLAN OF THE PRINCIPAL

RIVERS AND LAKES.

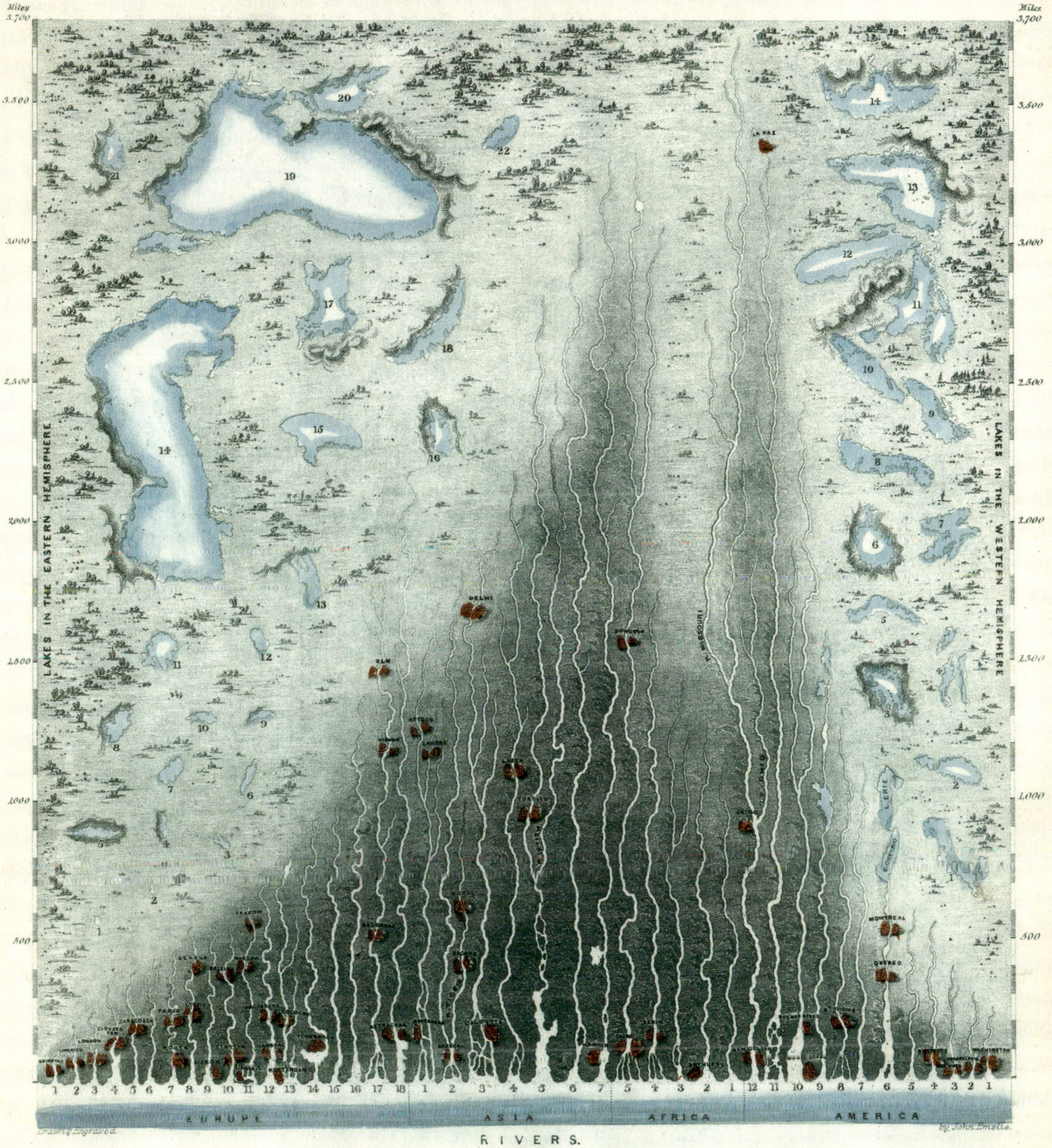

Drawn & Engraved by John Emslie.

RIVERS.

EUROPE.

Locality

1 Tay, *Scotland*
2 Shannon, *Ireland*
3 Thames, *England*
4 Severn, *England*
5 Ebro, *Spain*
6 Po, *North Italy*
7 Seine, *France*
8 Rhone, *France*
9 Tagus, *Spain and Port.*
10 Oder, *Prussia*
11 Vistula, *Poland*
12 Elbe, *Germany*
13 Rhine, *Germany*
14 Don, *Russia*
15 Dwina, *Russia*
16 Duieper, *Russia*
17 Danube, *Germany*
18 Volga, *Russia*

ASIA

1 Indus, *Caubul &c.*
2 Euphrates, *A. Turkey*
3 Ganges, *Hindostan*
4 Burrampoota, *Tibet*
5 Obi, *Siberia*
6 Hoang-ho, *China*
7 Yang-tse, *China*

AFRICA.

1 Orange, *Namaqualand*
2 Gambia, *Senegambia*
3 Senegal, *Senegambia*
4 Niger, *Nigritia*
5 Nile, *Egypt & Abyssinia*

AMERICA.

1 Potomac, *U. States*
2 Delaware, *U. States*
3 Hudson, *U. States*
4 Susquehana, *U. States*
5 Colorando, *La Plato*
6 St. Lawrence, *Canada*
7 Bravo del Norta, *Mexico*
8 Oronoco, *Columbia*
9 Mc. Kenzie, *Indian Ty.*
10 La Plata, *La Plata*
11 Amazon, *Brazil*
12 Mississippi, *U. States*

LAKES.

EASTERN HEMISPHERE.

	Surface Sq. Miles
1 Lough Neagh, *Ireland*	80
2 Loch Lomond, *Scotl.d*	27
3 Constance, *Switzerland*	456
4 Dead Sea, *Syria*	370
5 Zaizan, *Mongolia*	1600
6 Wetter, *Sweden*	945
7 Enare, *Lapland*	870
8 Toning, *China*	1200
9 Geneva, *Switzerland*	400
10 Orebo, *Sweden*	900
11 Ladoga, *Russia*	5200
12 Dembia, *Abyssinia*	1300
13 Orega, *Russia*	3300
14 Caspian Sea, *Russia*	118000
15 Ichad, *Africa*	11600
16 Ouroomia, *Persia*	900
17 Aral Sea, *Tartary*	11650
18 Baikal Sea, *Siberia*	8000
19 Black Sea, *Turkey*	113000
20 Azov Sea, *Russia*	8800
21 Balkash, *Mongolia*	5200
22 Wener, *Sweden*	2100

WESTERN HEMISPHERE.

	Surface Sq. Miles
1 Winnepagos, *N. Amer.*	2000
2 Nicaragua, *N. America*	2905
3 Titicaca, *Sth America*	5400
4 Otehenantekane, *N. Am.*	2500
5 Athabasca, *N. America*	3200
6 Maracaibo, *S. America*	6000
7 Great Bear, *N. America*	4000
8 Winnepeg, *N. America*	7200
9 Ontario, *N. America*	4450
10 Erie, *North America*	4800
11 Huron, *North America*	15800
12 Michigan, *N. America*	12600
13 Superior, *N. America*	22400
14 Great Slave, *N. Amer.*	12000

London. Published by James Reynolds, 174, Strand.

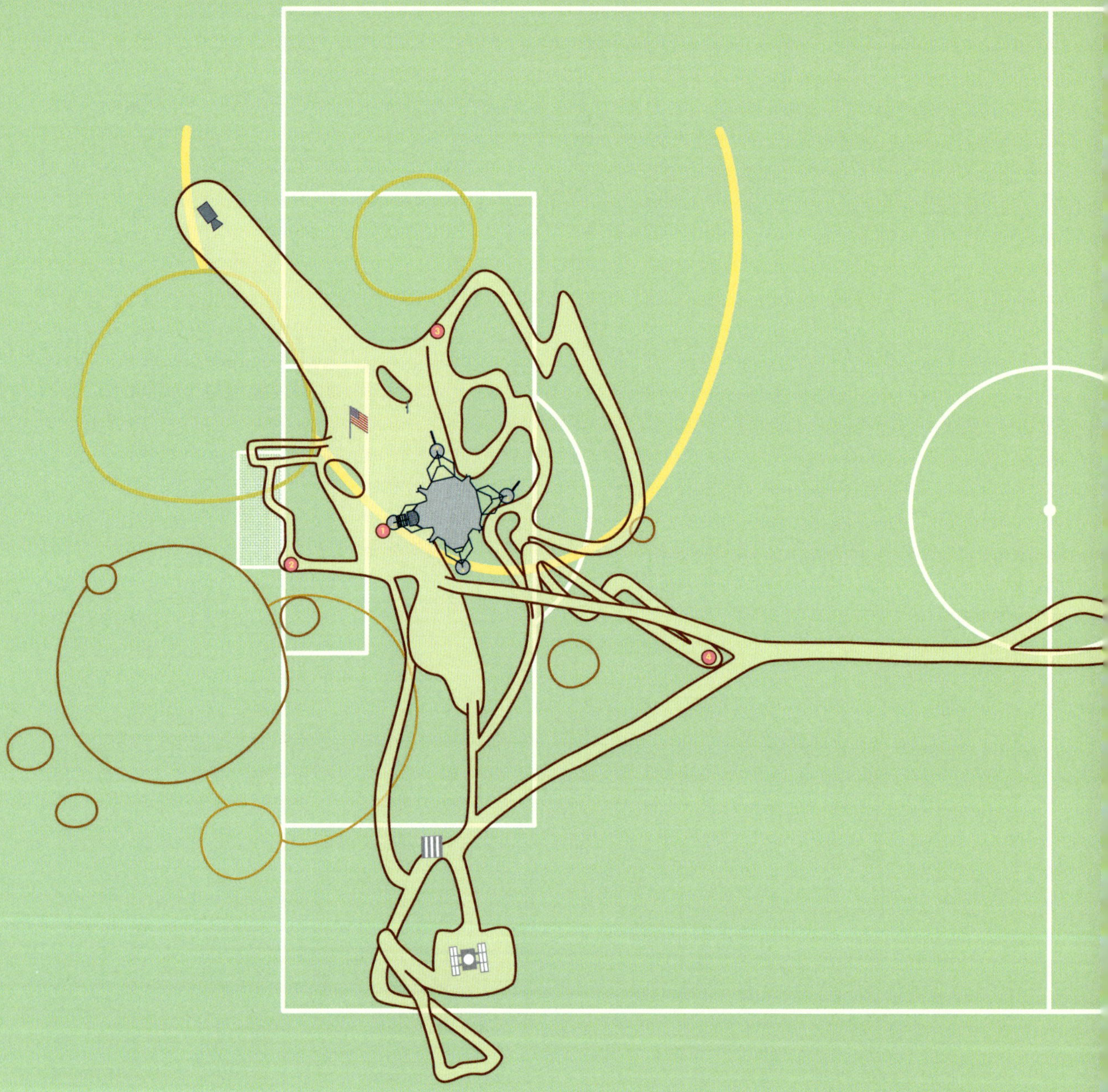

APOLLO 11 LANDESTELLE

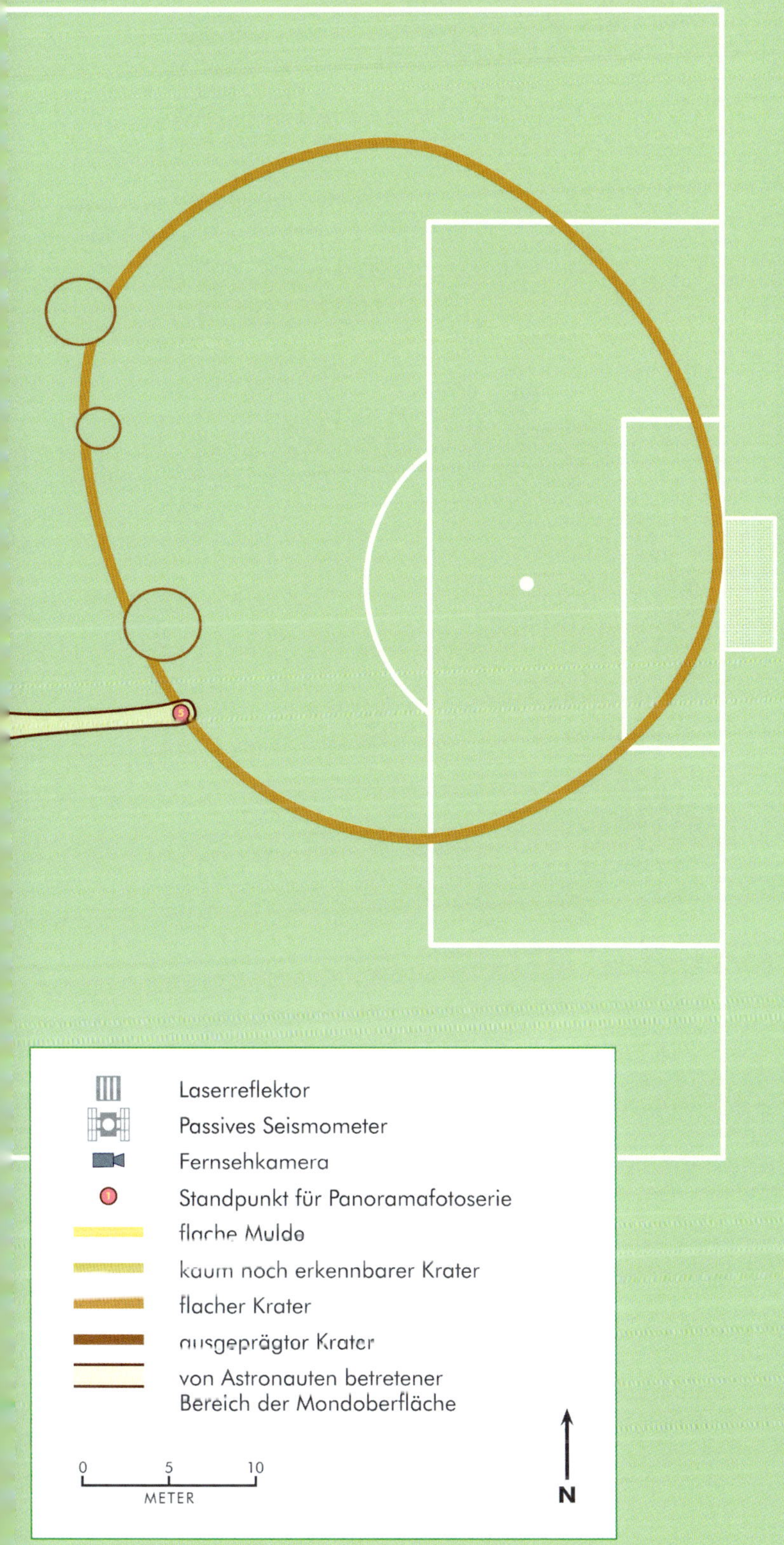

NEIL UND BUZZ AUF DEM FUßBALLFELD

Die Apollo-11-Mission brachte 1969 Neil Armstrong und Buzz Aldrin auf den Mond. Ein großer Sprung für die Menschheit, aber nur ein kleiner Schritt für einen Menschen? Die Exkursion von Neil und Buzz war tatsächlich überschaubar, wenn man die ersten Schritte auf dem Mond auf ein Fußballfeld projiziert. Die beiden Astronauten waren nur 2 Stunden und 31 Minuten auf der Oberfläche des Mondes, etwas länger, als ein normales Fußballspiel dauert. Aber die Mittellinie wurde von Buzz und Aldrin nur kurz überquert.

DAS RÖMISCHE REICH ÜBER DEN USA

Diese Karte bringt uns einen ungewöhnlichen Größenvergleich: Sie vergleicht die heutigen USA mit dem Römischen Reich zur Zeit seiner größten Ausdehnung. Die rote Fläche ist das Imperium Romanum im Jahr 117 n. Chr., dem Todesjahr von Kaiser Trajan. Der Umriss wurde nur vom Längengrad her, also in der Horizontale, verschoben, nicht aber in der Vertikale – so wird auch noch einmal deutlich, dass Rom und New York weniger als einen Breitengrad voneinander entfernt liegen.

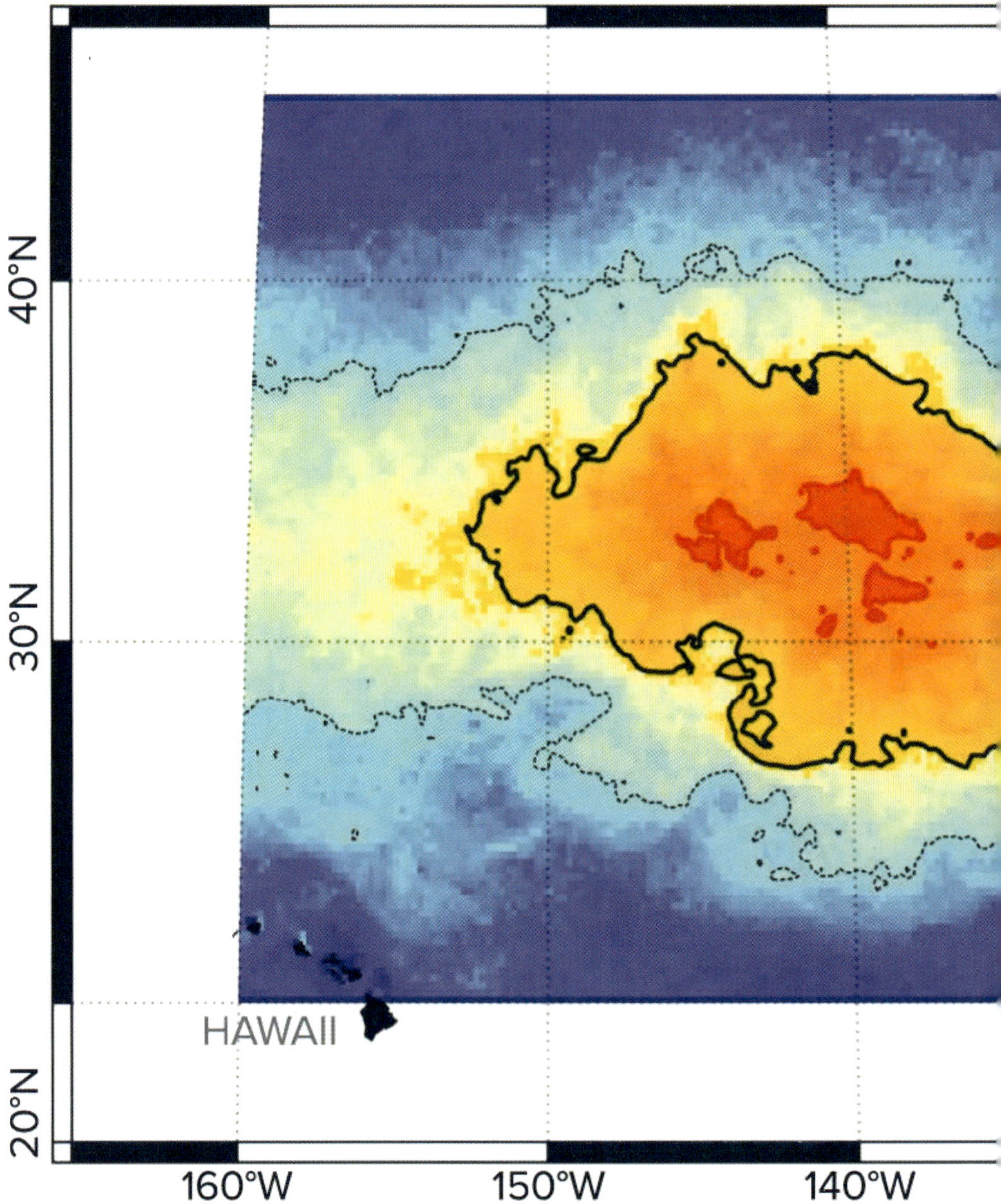

GREAT PACIFIC GARBAGE PATCH

Größenvergleiche können natürlich auch politisch sein. Ein Beispiel hierfür ist die Ansammlung von Plastikmüll im Pazifik, dem sogenannten »Great Pacific Garbage Patch«. Diese Karte, die aus dem renommierten naturwissenschaftlichen Magazin *Nature* stammt, zeigt den Great Pacific Garbage Patch zwischen Hawaii und Kalifornien und erlaubt uns, die massiven Dimensionen zu erfassen. Das Problem hierbei ist, dass man die Legende der Karte sehr genau lesen

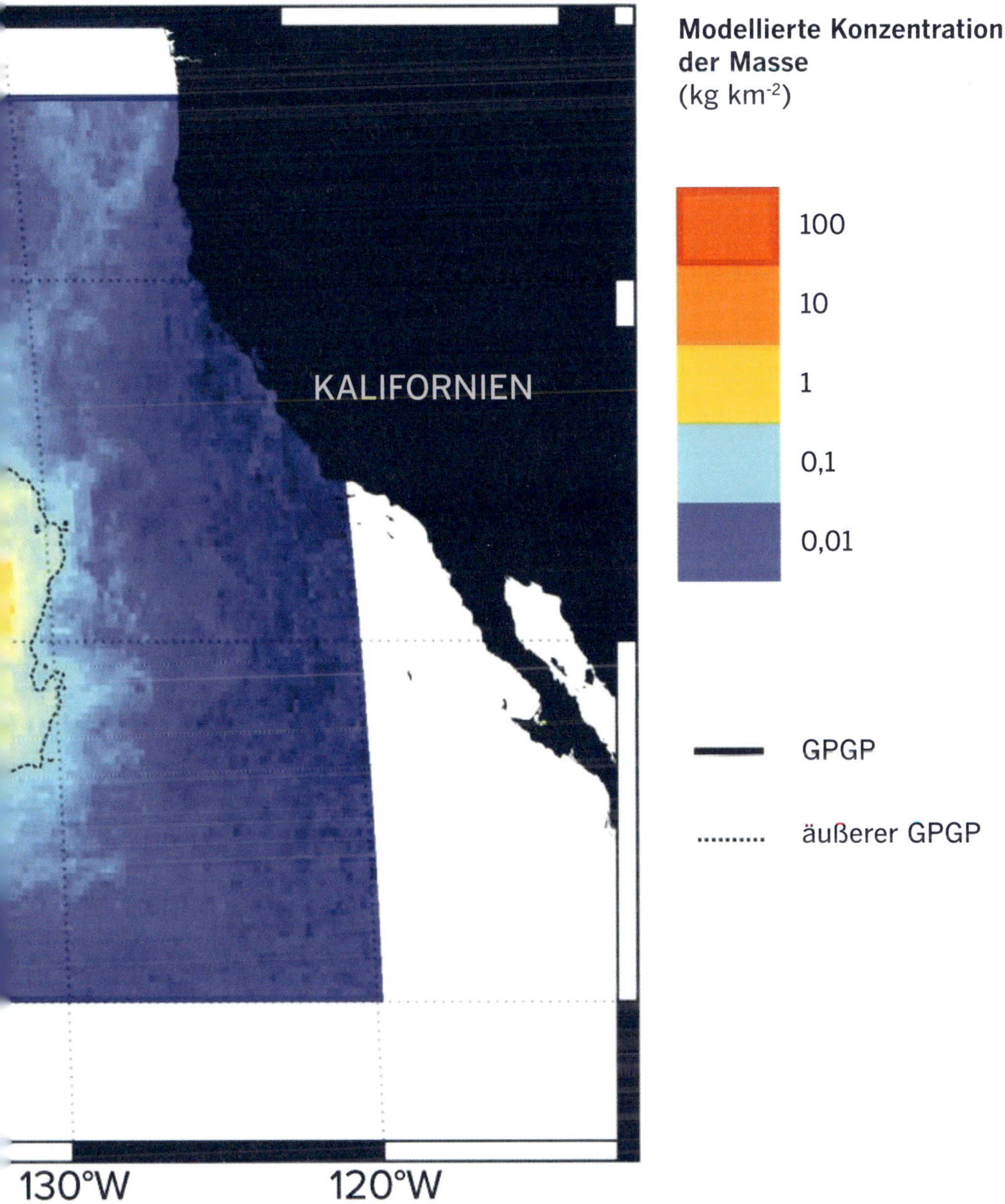

muss. Daran sieht man nämlich, wie viel Plastik pro Quadratkilometer auf der Wasseroberfläche schwimmt, wie hoch also die Plastikdichte ist. 100 Kilogramm per Quadratkilometer ist ein alarmierend hoher Wert. Da der Great Pacific Garbage Patch aber keine zusammenhängende, solide Müllinsel darstellt, sehen Kritiker die Karte als übertriebene Panikmache. Ungewollterweise dient dieser populäre Größenvergleich sowohl den Umweltschützern, die auf die Plastikverschmutzung aufmerksam machen wollen, als auch den Kritikern, die nach Material suchen, um Plastikgegner als Alarmisten darzustellen, als Beweis.

KULINARISCHES

In der ganzen Welt sind Menschen vollkommen zu Recht stolz auf ihre lokalen Köstlichkeiten. So viel Essen, so wenig Zeit. Wenn wir schon nicht alle Speisen vor Ort verkosten können, wie wär's dann zumindest mit ein paar kalorienarmen Karten? Die Karten in diesem Kapitel drehen sich alle um Essen, offenbaren aber noch viel mehr, zum Beispiel wie Klimazonen, Handelswege und Wohlstand unsere Essgewohnheiten beeinflussen. Oder wie weit unsere Lieblingsgetränke reisen mussten.

Auf den nächsten Seiten erwarten Sie ein paar besonders interessante kulinarische Karten. Vor allem zu Bier und Kaffee finden sich viele Karten im Internet. Ich präsentiere hier nur eine kleine Auswahl, hoffe aber, dass damit Appetit auf mehr geweckt wird.

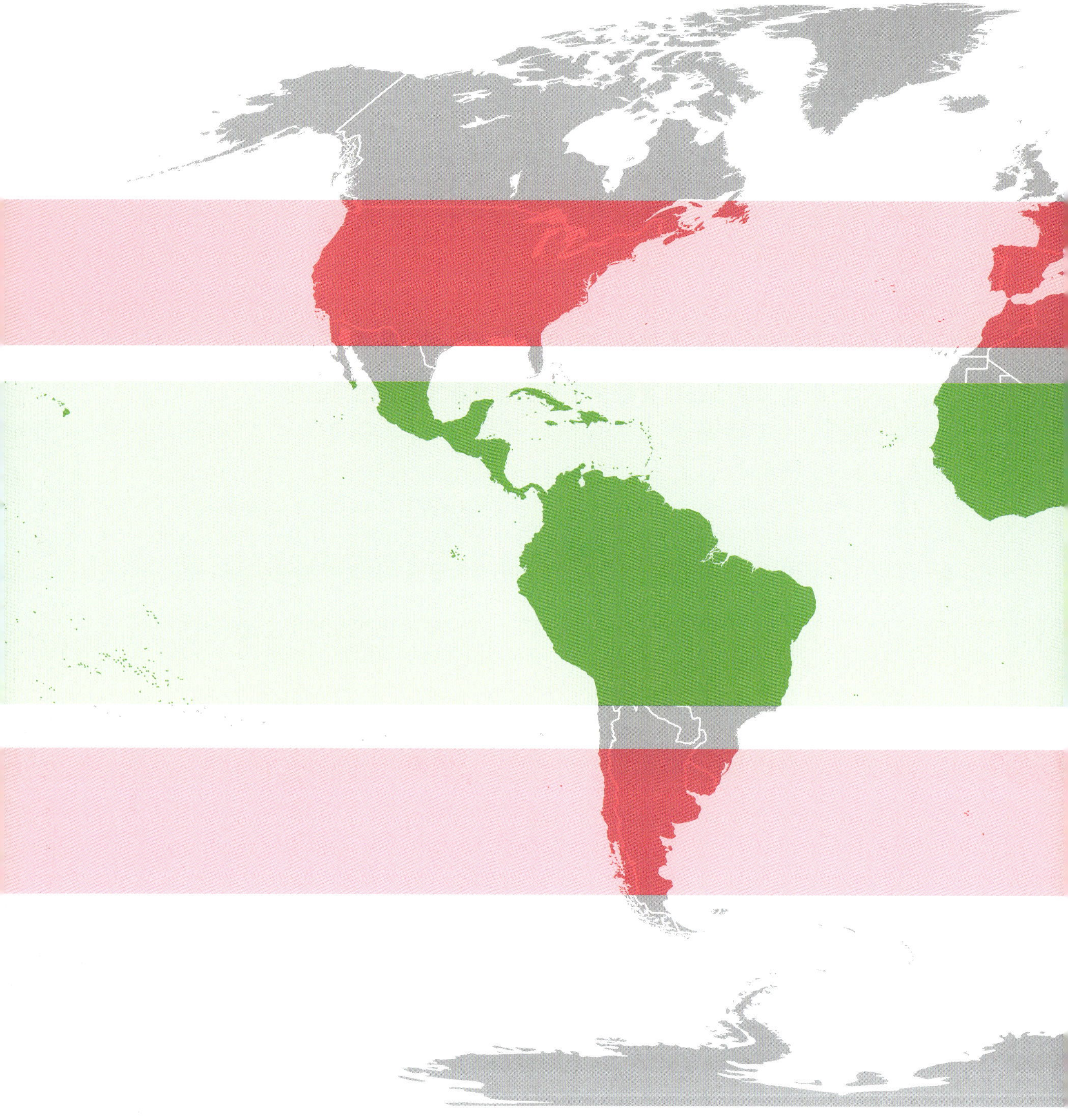

KAFFEE- UND WEINANBAUGEBIETE

Zu den beliebtesten Getränken der Welt gehören definitiv Kaffee und Wein. Beide Getränke sind ein Produkt von Pflanzen, deren Anbau große Expertise verlangt. Die Karte zeigt den breiten Ring, der sich um den Äquator legt – etwa von 23,5 Grad Nord bis 23,5 Grad Süd –, in

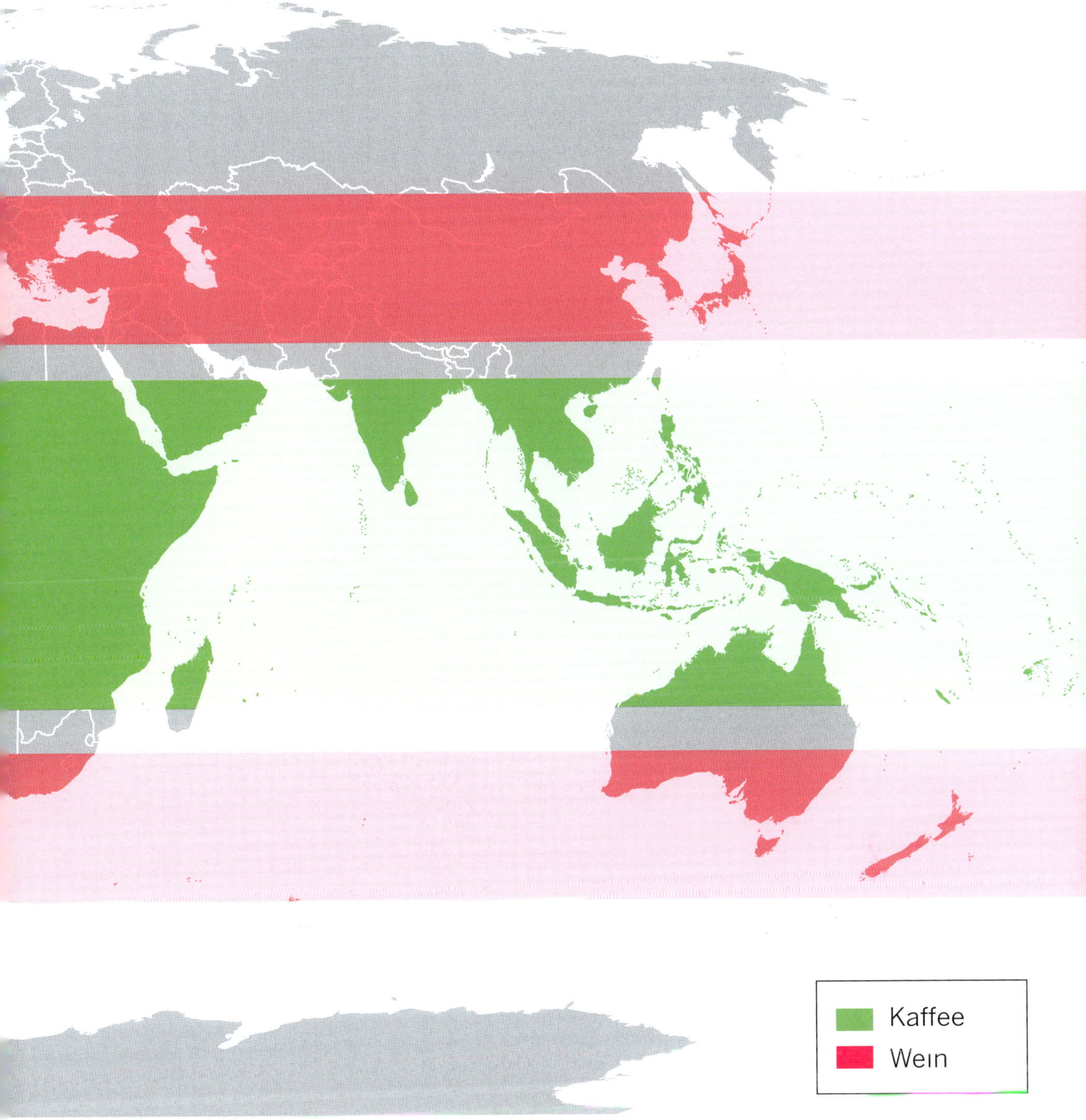

dem sich die Kaffeepflanze wohlfühlt. Für die Weinrebe sollte das Klima nicht so tropisch sein, sie bevorzugt die Breitengrade 30 bis 50, entweder Nord oder Süd. So wird eine Karte unserer Trinkgewohnheiten zu einer Karte der globalen Handelswege.

SCHLEMMERKARTE DEUTSCHLAND

Mahlzeit, liebe Deutsche und Besucher der Bundesrepublik! Diese Schlemmerkarte zeigt die regionalen Spezialitäten Deutschlands. Dabei werden ziemlich viele Klischees bestätigt, denn es gibt viel Fleisch und auffällig viele Würste, darüber hinaus viele Süßspeisen. Und auch landestypische Alkoholika – zum Beispiel Jägermeister und bayerisches Bier – wurden berücksichtigt.

PHARISÄER
FISCH BRÖTCHEN
SCHWARZ SAUER
HOLSTEINER KATENSCHINKEN
LÜBECKER MARZIPAN
MECKLENBURGER RIPPENBRATEN
SANDDORN TORTE
LABSKAUS
FRANZ BRÖTCHEN
KLOPP SCHINKEN
SCHWARZBROT PUDDING
BREMER KLABEN
KNIPP
SCHLACHTE PLATTE
SALZWEDELER BAUMKUCHEN
BUTTERMILCH KARTOFFELSUPPE
KARPFEN POLNISCH
WELFEN SPEISE
HARZER
KNIEPER KOHL
EISBEIN
GRÜNKOHL MIT PINKEL
ARME RITTER
JÄGER MEISTER
SPREEWALD SAUCE
PFEFFER POTTHAST
HALBERSTÄDTER WÜRSTCHEN
ALTMÄRKER HOCHZEITSSUPPE
CURRYWURST
RHEINISCHER SAUERBRATEN
GÖTTINGER STRACKE
PELLKARTOFFELN MIT QUARK
UNDER BERG
DÜSSEL-DORFER MOSTERT
WESTFÄLISCHER PUMPERNICKEL
EIERS CHECKE
MILBEN KÄSE
PULSNITZER PFEFFERKUCHEN
PLINSE
FLÖNZ
GREUßENER SALAMI
NORDHESSISCHE AHLE WURSCHT
AACHENER PRINTEN
THÜRINGER KLÖßE
LEIPZIGER ALLERLEI
DRESDNER STOLLEN
QUARKK ÄULCHEN
WEIMARER ZWIEBEL KUCHEN
FRANKFURTER WÜRSTCHEN
THÜRINGER ROTWURST
HIMMEL UND ERDE
FRANKFURTER GRÜNE SOßE
ROSTBRAT WURST
MEENZER SPUNDEKÄS
SCHÄUFELE
INGREISCH
HESSISCHER HANDKÄSE
DIBBELABBES
SCHNEE BALLEN
ROMADUR
SAUMAGEN
BRATWURST
SCHWÄBISCHE MAULTASCHEN
PICHEL STEINER
SEMMEL KNÖDEL
SCHWEINS HAXE
UBAZDA
BAYERISCHES BIER
SCHWARZWÄLDER KIRSCHTORTE
SCHWÄBISCHE SPÄTZLE
SCHWARZWÄLDER SCHINKEN
KARTOFFEL SUPPE
SCHWEINE BRATEN
HENDL
WEIß WÜRSTE
BAYERISCHE BREZE

WO IN DEUTSCHLAND WIRD WELCHES BIER GETRUNKEN?

Bier ist im ganzen deutschsprachigen Raum das perfekte Streitthema. Jede Stadt, jedes Dorf ist fest davon überzeugt, das beste Bier zu brauen.

Wenn man in Deutschland ein Bier bestellt, bekommt man ein …

- Pils
- Alt
- Kölsch
- Export
- Helles
- Lager
- Märzen
- Blond
- Bestimmte Marke
- Man muss die Sorte angeben

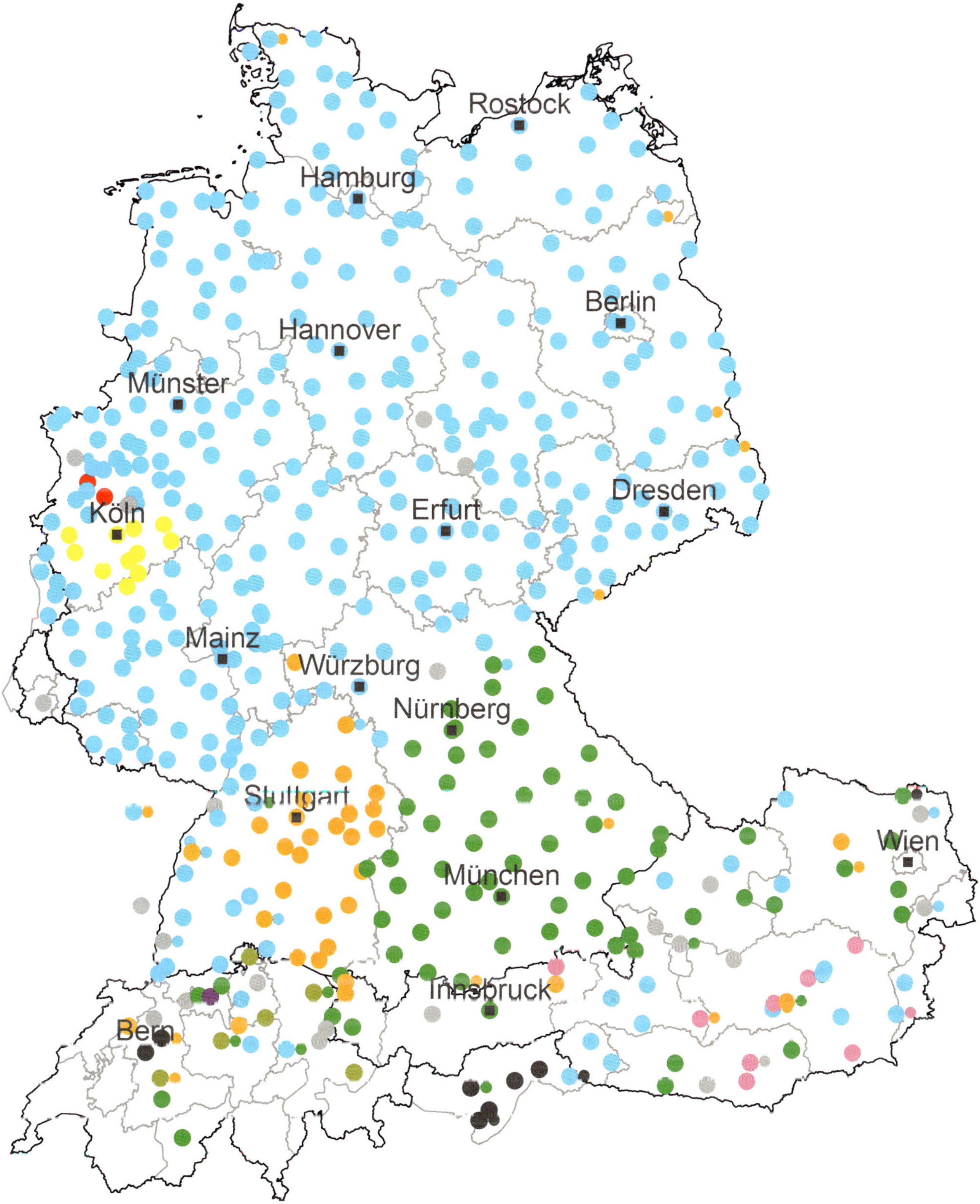
Rostock
Hamburg
Berlin
Hannover
Münster
Dresden
Köln
Erfurt
Mainz
Würzburg
Nürnberg
Stuttgart
Wien
München
Innsbruck
Bern

SCHERZHAFTE ALKOHOLVORLIEBEN IN EUROPA

Diese Karte ist mehr ein Scherz auf Kosten der Ungarn als eine ernst gemeinte Datenanalyse. Angeblich trinken die Ungaren nämlich alles, Hauptsache, es handelt sich um Alkohol. Dem ist natürlich nicht wirklich so, auch wenn die Karte an manchen Stellen durchaus die Trinkvorlieben der Europäer akkurat darstellt: Briten bevorzugen Bier, Südeuropäer Wein, Osteuropäer Wodka. Doch die Darstellung ist so vereinfacht, dass sich ein paar lustige Fehlschlüsse ergeben. Glaubt man der Karte, genießen Bayern Wein nämlich genauso gerne wie Bier und Iren sind – zumindest teilweise – völlig abstinent. Das liegt daran, dass ein Venn-Diagramm nicht geeignet ist, um geografische Verteilungen darzustellen. Venn-Diagramme visualisieren mathematische Schnittmengen. Die Mengen werden hierbei üblicherweise als geometrische Kreise oder Ellipsen dargestellt, wohingegen politische und kulturelle Grenzen nicht so elegant verlaufen. Wollte man die Überschneidungen bei den Trinkvorlieben der Europäer korrekter darstellen, müssten die Kreise eben aussehen wie von einem Betrunkenen gezeichnet.

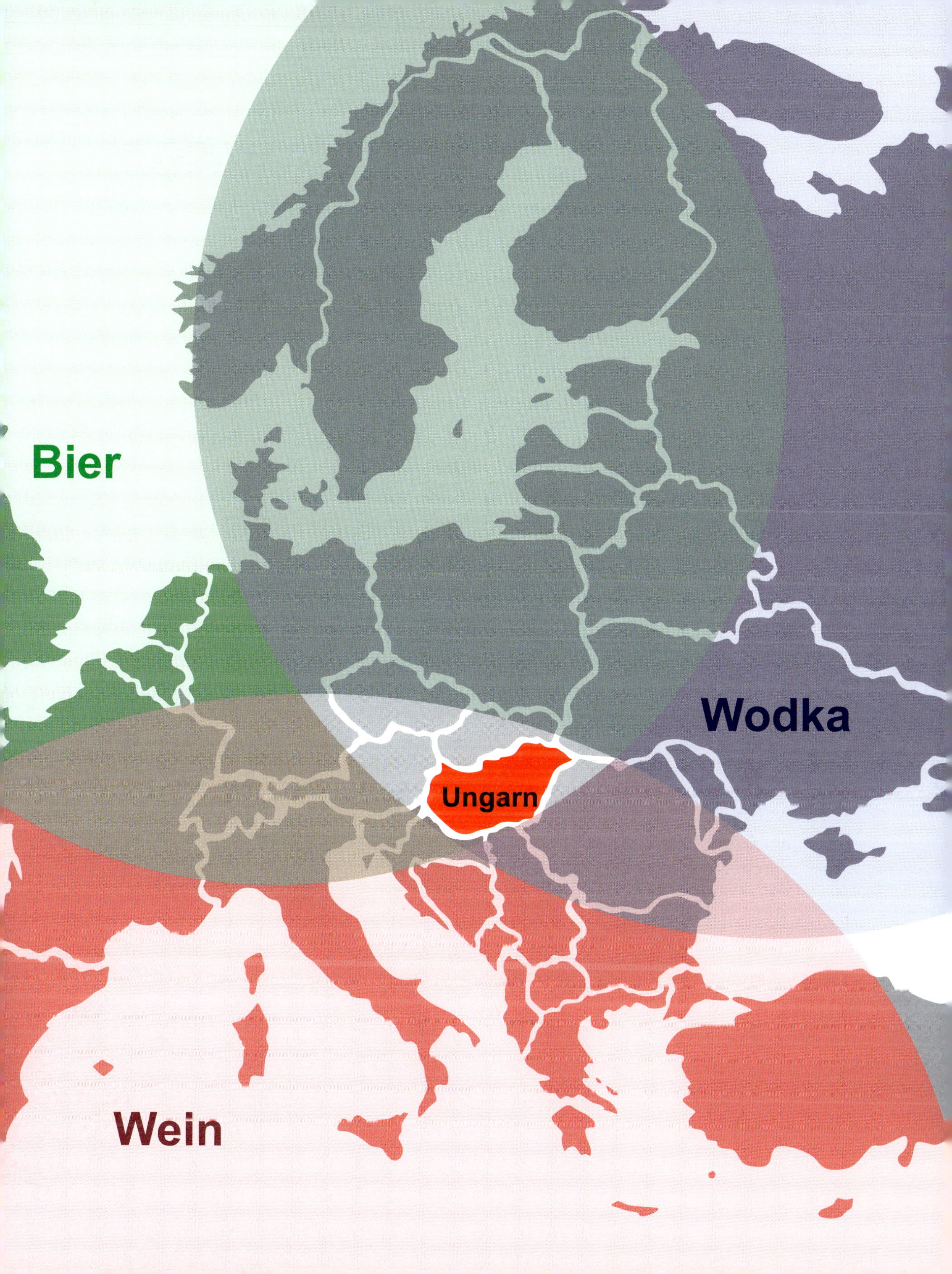
Bier
Wodka
Ungarn
Wein

TATSÄCHLICHE ALKOHOLVORLIEBEN IN EUROPA

Eine ernsthafte Karte der europäischen Trinkvorlieben sehen wir hier. Gemessen wurde der jährliche Alkoholkonsum pro Person. Die obere Karte zeigt die Vorlieben im Jahr 1990, die untere Karte den Stand im Jahr 2015. Sofort werden massive Veränderungen deutlich: Die Russen, die einst eine starke Vorliebe für Spirituosen wie Wodka hatten, trinken nun mehr Bier. Die Spanier sind dem Wein nicht treu geblieben. Auch in Deutschland und Großbritannien schwächelt die Vorliebe für Bier, Schweden und Dänen haben Wein für sich entdeckt.

Nicht bei allen diesen Entwicklungen handelt es sich um kulturelle Trends oder die Folgen der Globalisierung oder gar des Zusammenwachsens Europas. In manchen Ländern greift der Staat bis heute massiv in den Alkoholkonsum ein. So war in Island bis 1989 Bier illegal, Spirituosen konnten jedoch legal gekauft werden. Die Regierung gelangte jedoch zu der Ansicht, dass übermäßiger Alkoholkonsum eingedämmt werden könne, weil die meisten Menschen Bier bevorzugen – und die Zahlen in dieser Karte geben ihr recht, denn sobald das Bier wieder legalisiert wurde, tranken die Isländer weniger Hochprozentiges.

Der hohe Preis von Alkohol in Skandinavien erklärt möglicherweise auch, warum Estland solch ein Bollwerk des Spirituosenkonsums geblieben ist – viele Touristen aus Skandinavien decken sich dort mit den vergleichsweise günstigen alkoholischen Getränken ein.

Alkoholvorlieben 1990*

Basierend auf dem Alkoholkonsum pro Kopf

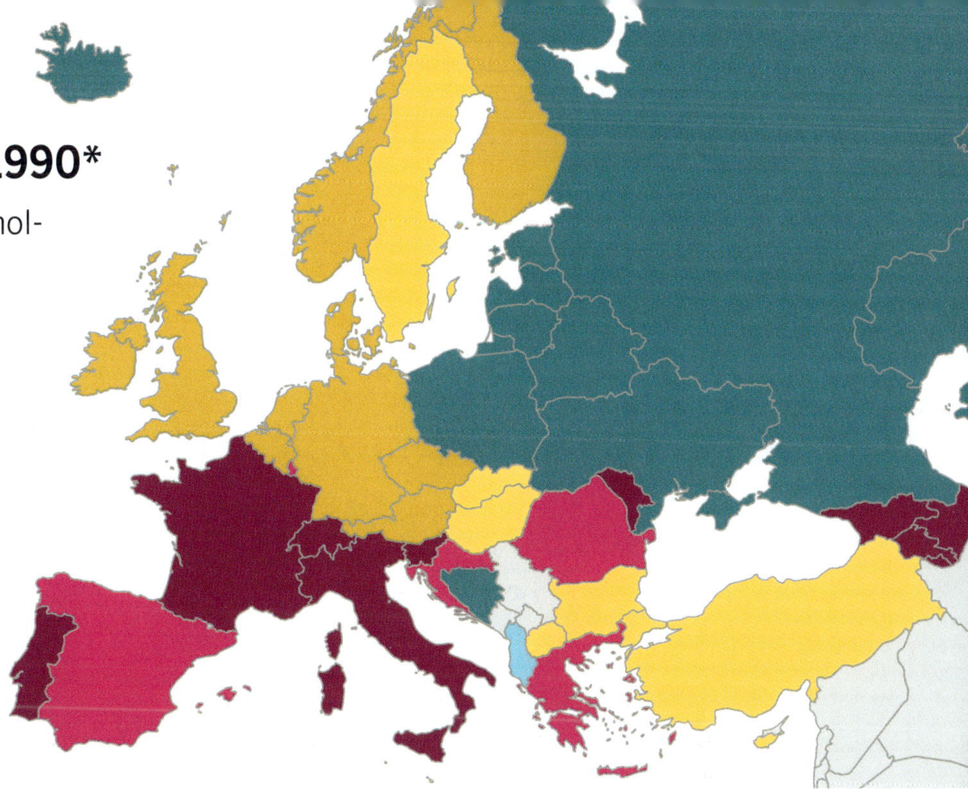

* Daten für Tschechien von 1991 und Daten für Moldawien und Mazedonien von 1992

Bier bevorzugt	Wein bevorzugt	Spirituosen bevorzugt
Bier stark bevorzugt	Wein stark bevorzugt	Spirituosen stark bevorzugt

Alkoholvorlieben 2015

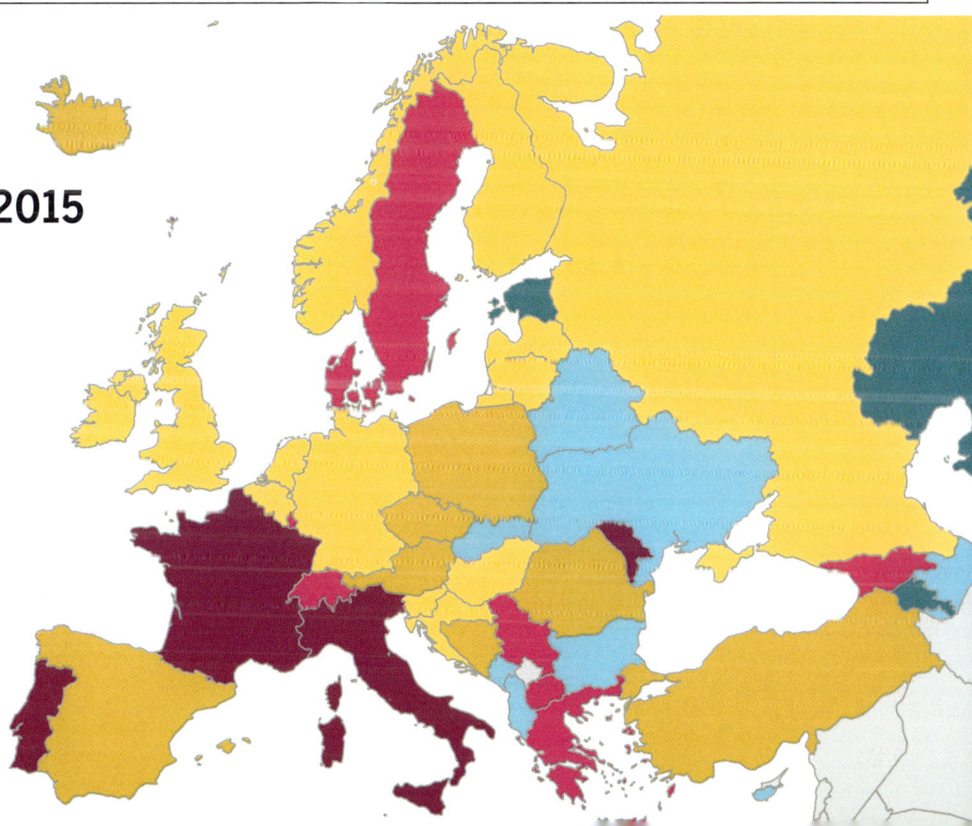

ÜBERGEWICHT IN EUROPA

Die Karte zeigt den prozentualen Anteil der Bevölkerung in den einzelnen europäischen Ländern, der als übergewichtig gilt. Wo leben die dicksten Europäer? Auf die übergewichtige Türkei folgen laut dieser Karte Großbritannien, Ungarn und Litauen. Wobei die Karte nicht zeigt, ob die Türken tatsächlich die Dicksten sind, sondern nur, dass dort über 32 Prozent der Bevölkerung fettleibig sind. Damit liegen sie deutlich über den Briten, Litauern und Ungarn. Die wenigsten Dicken hat Bosnien, doch auch dort gibt es mehr als genug adipöse Menschen. Der medizinische Begriff der »Fettleibigkeit« (Adipositas) bezeichnet übrigens Menschen, deren Body Mass Index (BMI) bei über 30 liegt. Bloßes Übergewicht hingegen beginnt schon bei einem BMI von 25, was 2009 bereits mehr als die Hälfte aller Deutschen betraf.

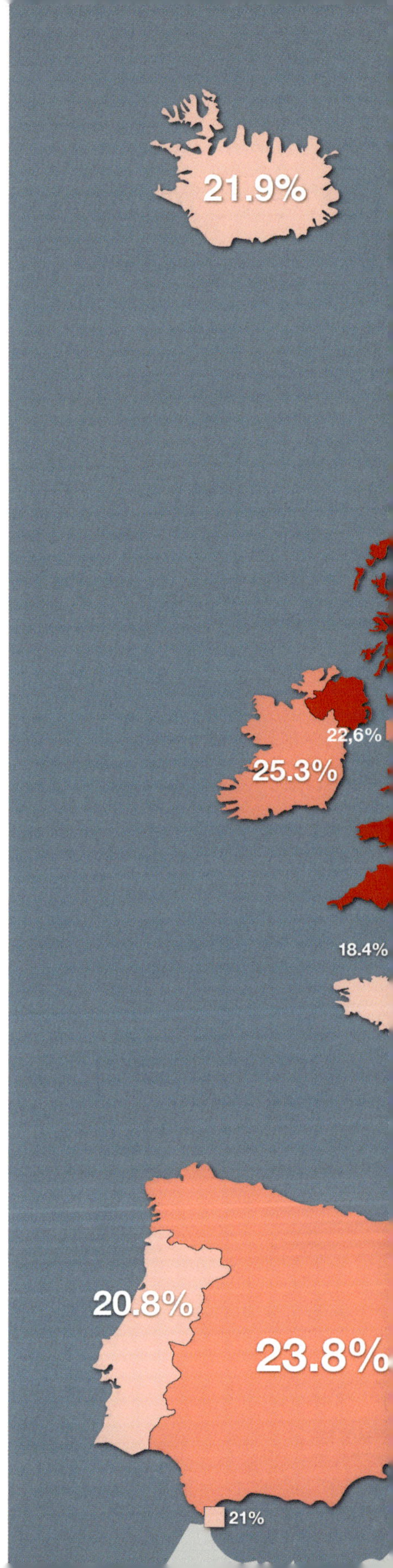

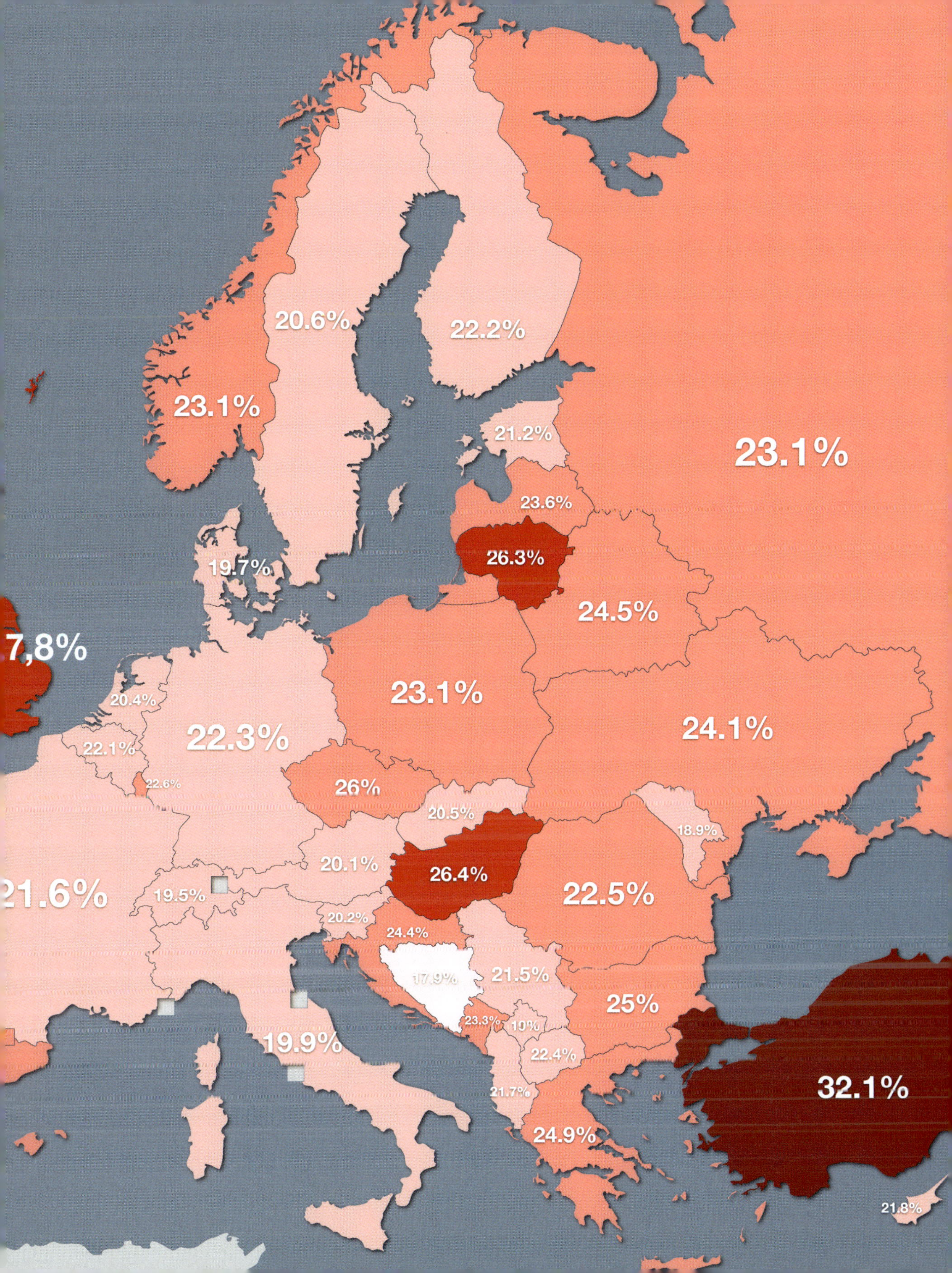

20.6%
22.2%
23.1%
21.2%
23.1%
23.6%
26.3%
19.7%
24.5%
7,8%
20.4%
23.1%
22.3%
24.1%
22.1%
22.6%
26%
20.5%
18.9%
20.1%
26.4%
21.6%
19.5%
22.5%
20.2%
24.4%
17.9%
21.5%
25%
23.3%
19%
19.9%
22.4%
32.1%
21.7%
24.9%
21.8%

EUROPA

Wenn ich mir eine Karte anschaue, frage ich mich immer spontan: Wo bin ich denn da drauf? Um dieser Haltung Futter zu geben, schweift dieses Kapitel nicht in die Ferne, sondern in die nähere Umgebung: nach Europa, nach Deutschland und schließlich nach Berlin. Ich habe eine bunte Mischung an geschichtlichen, ökonomischen und trivialen Karten ausgewählt. Da man sich zu Hause immer am besten auskennt, sind diese Karten besonders gut darin, uns einen neuen Blick auf das Bekannte zu geben.

Europa ist wunderbar vielfältig und das Kartenmaterial dazu deshalb sehr ergiebig, besonders was das Thema Sprachen angeht. Wir werfen aber auch einen Blick auf Wirtschaft und Kunst. So zeigt sich, was uns verbindet und wo uns die Unterschiede zum Nachbarn oder Nachbarland am ehesten auffallen.

WÄHRUNGEN VOR EINFÜHRUNG DES EUROS

Wie hieß die Währung von EU-Mitgliedsstaaten, bevor der Euro eingeführt wurde? Das ist wichtiges Grundwissen für Wirtschaftshistoriker und Kreuzworträtselfanatiker. In Montenegro war die Währung technisch gesehen die Deutsche Mark. Als Gastarbeiter aus dem ehemaligen Jugoslawien heimkehrten, hatten sie ihr Erspartes in der deutschen Währung und die Mark wurde zum inoffiziellen Zahlungsmittel. Nach dem Krieg 1997 wurde dann die konvertierbare Marka eins zu eins an die D-Mark gekoppelt. Mit Einführung des Euros hat dann Montenegro, obwohl kein EU-Mitgliedsland, den Euro bekommen.

- Mitgliedsländer des Euro-Währungsgebiets
- Mitgliedsländer der EU, aber nicht Mitgliedsländer des Euro-Währungsgebiets
- Keine EU-Mitgliedsländer

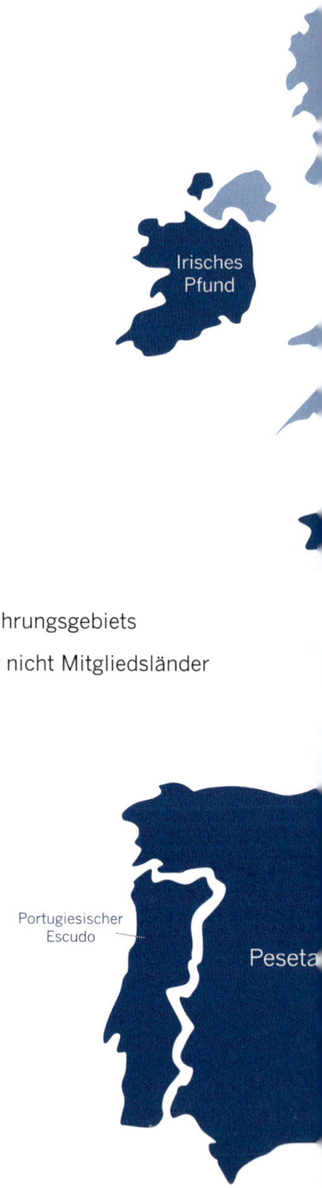

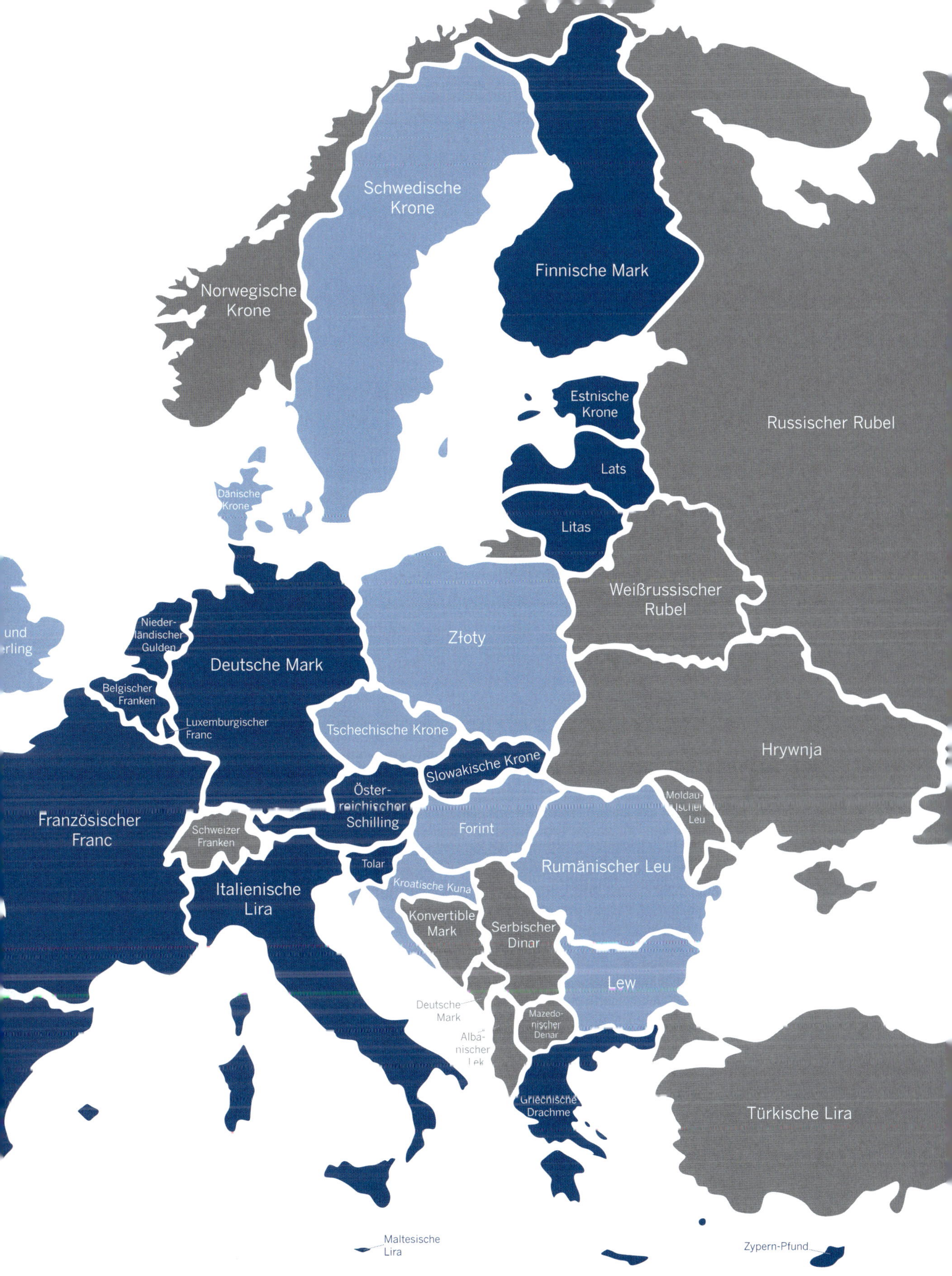
Schwedische Krone
Finnische Mark
Norwegische Krone
Estnische Krone
Russischer Rubel
Lats
Dänische Krone
Litas
Weißrussischer Rubel
Nieder-ländischer Gulden
Złoty
Deutsche Mark
Belgischer Franken
Luxemburgischer Franc
Tschechische Krone
Hrywnja
Slowakische Krone
Öster-reichischer Schilling
Moldau-ischer Leu
Französischer Franc
Schweizer Franken
Forint
Rumänischer Leu
Tolar
Kroatische Kuna
Italienische Lira
Konvertible Mark
Serbischer Dinar
Lew
Deutsche Mark
Mazedo-nischer Denar
Alba-nischer Lek
Griechische Drachme
Türkische Lira
Maltesische Lira
Zypern-Pfund

SCHWIERIGKEIT EUROPÄISCHER SPRACHEN

Wie schwer ist es für englische Muttersprachler, verschiedene Fremdsprachen zu lernen? Das Foreign Service Institute der US-Regierung bringt seit vielen Jahrzehnten Diplomaten Fremdsprachen bei und hat dazu genug Daten gesammelt. Deutsch ist schwerer zu lernen als Italienisch, Spanisch und Französisch, aber deutlich leichter als osteuropäische Sprachen. Englischsprachige Diplomaten müssen allerdings richtig viel Zeit investieren, wenn sie Ungarisch oder Finnisch lernen wollen. Wenn die Fremdsprache auch noch ein unbekanntes Alphabet hat, dann muss sogar noch mal mehr Zeit investiert werden. Das Erlernen von Arabisch oder Chinesisch (nicht auf der Karte zu sehen) fällt besonders schwer.

- Muttersprache Englisch
- Lerndauer etwa 24 Wochen
- Lerndauer etwa 30 Wochen
- Lerndauer etwa 44 Wochen
- Keine spezifische Lerndauer, jedoch länger als 44 Wochen

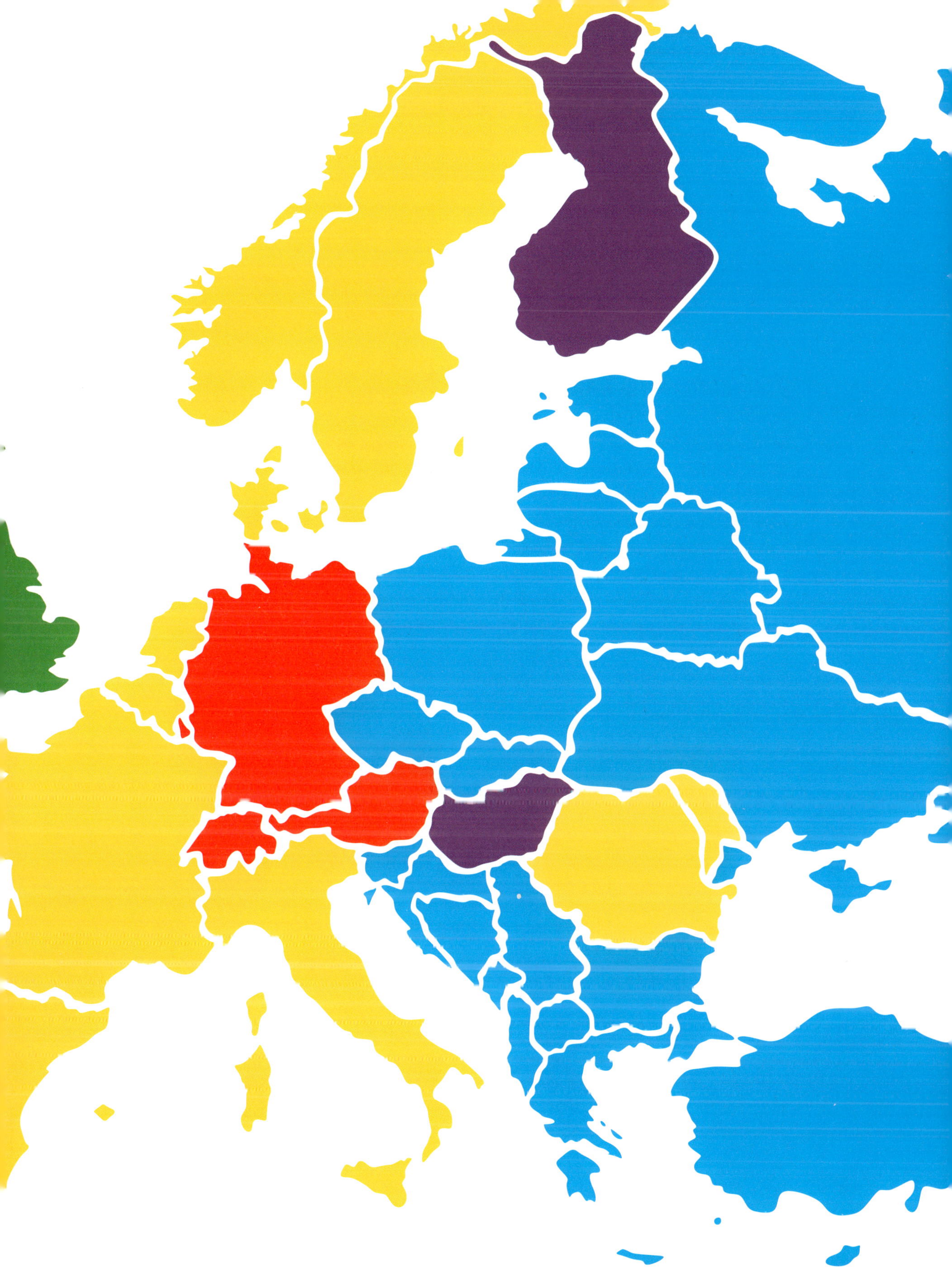

DIE BLAUE BANANE

Der Hafen von Rotterdam liegt im Zentrum der »Blauen Banane«. Dieser ulkige Begriff bezeichnet die bananenförmige Region mit der höchsten Bevölkerungsdichte und Wirtschaftspower, die sich von Liverpool nach Genua durch Mitteleuropa zieht. Der französische Wirtschaftsgeograf Roger Brunet erfand den Begriff 1989, um den europäischen Industrie- und Dienstleistungsgroßraum, der sich vom nördlichen England entlang des Rheins bis nach Oberitalien erstreckt, benennen zu können. Die Blaue Banane ist die Folge historischer Handelswege und der geografischen Verteilung früher Kapitalflüsse. Das Konzept der Blauen Banane wird oft kritisiert, weil es den Großraum Paris auslässt, der die europäische Wirtschaft nachhaltig prägt. Wir dürfen uns aussuchen, warum die Banane blau ist. Entweder ist es eine Anspielung auf die europäische Flagge (blau mit gelben Sternen) oder eine Referenz an die »Blaumänner«, die industrielle Fabrikarbeiter traditionell tragen.

Amsterdam
Rotterdam
Essen
London
Bonn
Brüssel
Frankfurt
Luxemburg
Stuttgart
Straßurg
Zürich
Genf
Mailand
Turin
Genua

MÖGLICHE BEGRIFFE FÜR DEN EU-AUSTRITT

Die Wortschöpfung »Brexit« ist aus unserem Wortschatz nicht mehr wegzudenken. Der Gedanke, dass der Austritt der Briten Nachahmer findet, bereitet vielen Europäern sicher Bauchschmerzen. Trotzdem macht folgendes Gedankenspiel Spaß: Welcher Begriff könnte sich durchsetzen, wenn andere Länder sich entscheiden würden, die EU zu verlassen? Die Karte hat da einige Vorschläge parat.

Swexit
Finish
Swedone
Fin-land
Helsinkhole
Sweparture
Extonia
Egresstonia
Leavia
Lat-me-out
Dumpmark
Donemark
Copenhatin'
Lithawaynia
Brexit
Nethermind
Nexit
Ditch
Deutschleave
Noland
Pole-vault
Withdrawsaw
Polend
Polskedaddle
Beljump
Byegium
Luxdisombark
Angeleave
Merkel
Czech-out
Fraurevoir
Frexit
Berlout
Slovacate
Outstria
Full
Donegary
Oui out
Bucharrest
Sleavenia
Italexit
Noatia
Roamania
AdiEU
Fruck-off
Italeave
Nullgaria
Quitaly
Grexit
Madriddance
Malternative
Maltalavista
Halta
Byeprus
Nicoseeya

ANZAHL DER BUCHSTABEN IN DEN EUROPÄISCHEN ALPHABETEN

Was auf den ersten Blick vielleicht aussieht wie ein Ranking, bei dem innerhalb Europas die Slowakei besonders schlecht abschneidet, stellt in Wirklichkeit die Anzahl der Buchstaben in den europäischen Alphabeten dar.

Doch sollte Deutschland nicht eigentlich mehr Buchstaben haben als Großbritannien (beide 26)? Schließlich haben wir drei Umlaute und ein scharfes ß. Tatsächlich kommen wir je nach Definition von Buchstaben auf bis zu 30 unterschiedliche. Es stellt sich heraus, dass sich hieran zumindest die Geister von Linguisten scheiden. Umlaute sind Buchstaben, die noch mit sogenannten diakritischen Zeichen versehen sind, und davon hat das slowakische Alphabet (mit seinem Alphabet aus stolzen 46 Buchstaben) ganze 17 Stück! Die Slowaken verwenden zwar eigentlich das gleiche lateinische Alphabet wie die Deutschen oder Italiener, nur haben sie es mit einer ganzen Reihe an Pünktchen, Häkchen und Bögen verziert. Doch was ist eigentlich mit dem italienischen Alphabet los? Warum gibt es hier nur 21 Buchstaben? Es ist sehr nahe am römischen Original und die heutigen Italiener verwenden die Buchstaben J, K, W, X und Y normalerweise nur in Fremdwörtern, sodass diese Buchstaben als Erweiterungen gelten. Die Iren sind sogar noch sparsamer: Irisch-Gälisch kommt ohne J, Q, V, W, X, Y und Z aus.

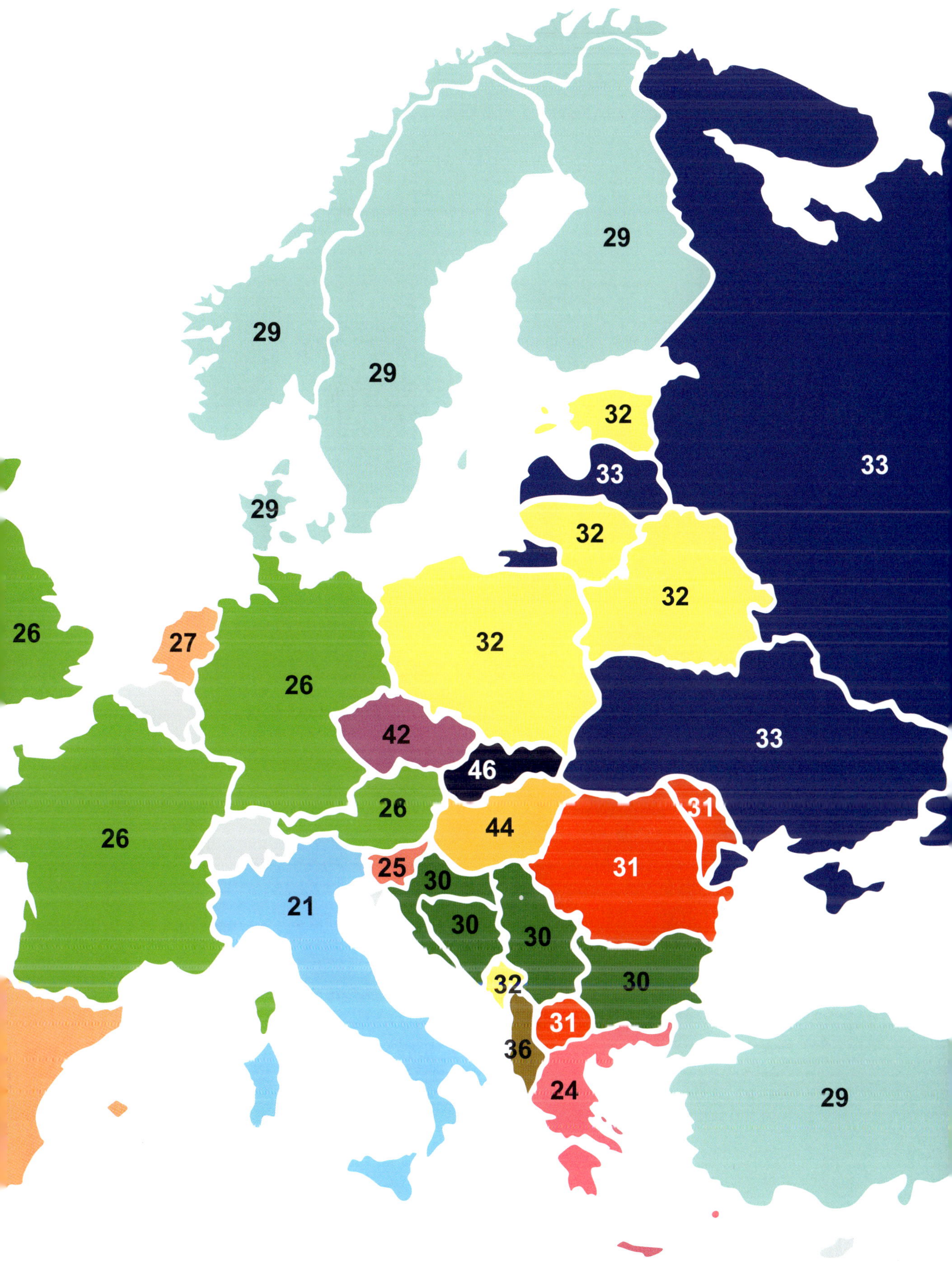
29
29
29
32
33
33
29
32
32
26
27
32
26
42
33
46
26
31
44
26
31
25
30
21
30
30
30
32
31
36
24
29

DER NACHNAME »SCHMIDT« IN ALLEN EUROPÄISCHEN SPRACHEN

Der eigene Nachname lädt dazu ein, über die Familiengeschichte und den Wortursprung zu forschen. Viele Familiennamen gehen auf einen Beruf zurück, den ein Ahne mal ausgeführt hat. Herr oder Frau Schmidt können sich demnach auf einen Schmied im Stammbaum berufen. Im Mittelalter war der Beruf des Schmieds sowohl angesehen als auch häufig vertreten und vielfältig – denn es gab ja Grobschmiede, Feinschmiede, Waffenschmiede, Goldschmiede, Rüstschmiede, Kupferschmiede und so weiter.

Die Karte präsentiert den Nachnamen »Schmied« in allen möglichen europäischen Sprachen. Die Farben der Regionen zeigen die gemeinsamen Ursprünge der Varianten. Die Namen in den roten Gebieten kommen alle aus dem germanischen *smiþa*. Blau sind die Gebiete, in denen die Namen ihren Ursprung (passend für romanische Sprachen) im Lateinischen *ferrum* (für Eisen) haben. Das proto-slawische *kovati* bezeichnet den Vorgang des Schmiedens und führte zu Nachnamen wie Kowalski (Polen) oder Kovalyov (Russland). Selbstverständlich ist jede Schreibweise der Nachnamen auf dieser Karte nur eine von vielen Möglichkeiten. Im Deutschen gibt es ja neben Schmidt auch Schmitt, Schmied oder Schmitz. Dazu kommen noch viele weitere Nachnamen wie Eisenhauer oder Faber, denen die gleiche Berufsgruppe zugrunde liegt.

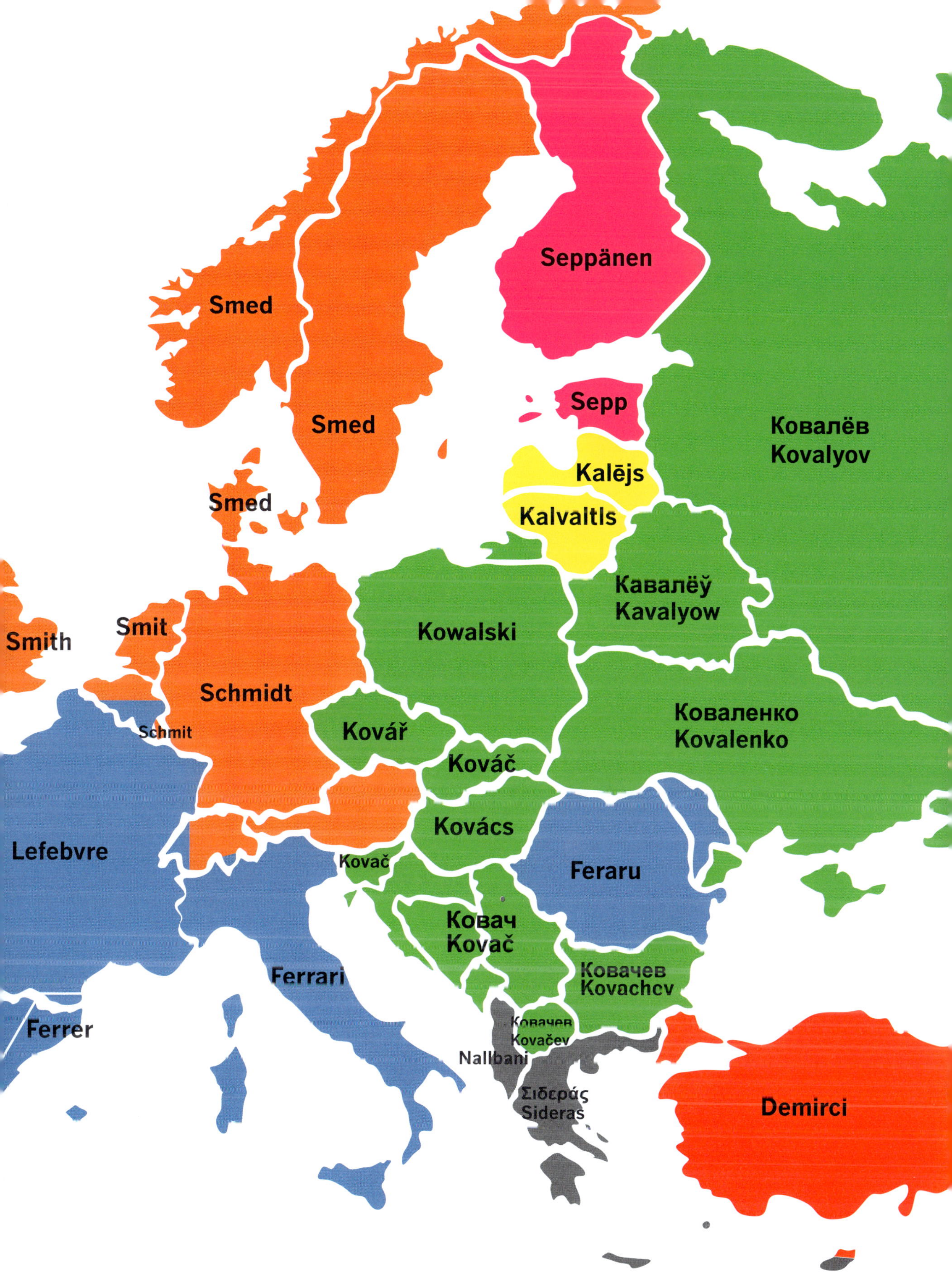
Seppänen
Smed
Smed
Sepp
Ковалёв
Kovalyov
Kalējs
Smed
Kalvaitis
Кавалёў
Kavalyow
Smit
Smith
Kowalski
Schmidt
Schmit
Kovář
Коваленко
Kovalenko
Kováč
Kovács
Lefebvre
Kovač
Feraru
Ковач
Kovač
Ковачев
Kovachev
Ferrari
Ковачев
Kovačev
Ferrer
Nallbani
Σιδεράς
Sideras
Demirci

EUROPA ALS FANTASY-KARTE

Diese Karte zeigt Europa im Stil von J. R. R. Tolkiens *Herr der Ringe*. Peter Bird, Professor für Geophysik an der University of California, hat die Topologie von Mittelerde und Europa verglichen und besteht darauf, dass Mordor in Rumänien liegt. Nicht irgendwo in Rumänien, sondern im sagenumwobenen Transsylvanien. Das Auenland, das Land der Hobbits, ist nach Tolkiens eigener Aussage eine romantisierte Version vom ländlichen England. Die Filmversion vom Auenland wurde aber in Neuseeland gedreht.

Barents Sea
Murmansk
White Sea
Arkhangel'sk
Siberia
Finland
Oulu
Umea
Gulf of Bothnia
Harnosand
Gavle
Rauma
Uppsala
Stockholm
Turku
Helsinki
St. Petersburg
Russia
Tallinn
Estonia
Parnu
Tartu
Baltic Sea
Riga
Liepaja
Latvia
Daugavpils
Polack
Daugava
Klaipeda
Lithuania
Nemunas
Kaunas
Kaliningrad
Smolensk
Moscow
Oka
Tula
Nizhniy Novgorod
Volga
Kazan
Kama
Ufa
Orsk
Samara
Oral
Ural
Saratov
Minsk
Hrodna
Belarus
Bryansk
Kursk
Voronezh
Bialystok
Poland
Warsaw
Bug
Brest
Pripyats
Homel
Desna
Sejm
Chernihiv
Don
Volgograd
Kazakhstan
Atyrau
Lodz
Vistula
Lublin
Lutsk
Zhytomyr
Kiev
Kharkiv
Donets
Katowice
Krakow
Lviv
Dnieper
Ukraine
Luhansk
Donetsk
Astrakhan
Uzhhorod
Dnipropetrovsk
Zaporizhia
Rostov
Chernivtsi
Dniester
Moldova
Mariupol
Caspian Sea
Aqtau
Budapest
Debrecen
Hungary
Danube
Cluj Napoca
Iasi
Chisinau
Odessa
Kherson
Prut
Sea of Azov
Transylvania
Tisza
Szeged
Romania
Makhachkala
Grozny
Novorossiysk
Crimea
Timisoara
Sibiu
Brasov
Tulcea
Sevastopol
Yalta
Walachia
Sava
Belgrade
Oltenia
Bucharest
Constanta
Black Sea
Georgia
Kura
Tbilisi
Baku
Azerbaijan
Armenia
Yerevan
Ruse
Bulgaria
Varna
Sofia
Stara Zagora
Burgas
Sinop
Ordu
Trabzon
Erzurum
Montenegro
Pristina
Kosovo
Plovdiv
Skopje
Macedonia
Black Sea Region
Aras
Istanbul
Kizilirmak
Sivas
Albania
Thessaloniki
Kavala
Kesan
Dardanelles
Bursa
Murat Nehri
Tatvan
Van
Iran
Ioannina
Marmara Region
Ankara
Turkey
East Anatolia Region
Balikesir
Kayseri
Greece
Aegean Sea
Aegean Region
Central Anatolia Region
Euphrates
Southeastern Anatolia Region
Izmir
Buyuk Menderes
Al Mawsil
Gaziantep
Tigris
Mediterranean Region
Athens
Korinthos
Peloponnese
Tripoli
Tarsus
Aleppo
Aegean Islands
Bodrum
Marmaris
Antalya
Antioch
Syria
Iraq
Ionian Sea
Gazipasa
Silifke
Latakia
Baghdad
Rodhos Town
Sea of Crete
Cyprus
Nicosia
Hims
Euphrates
Lebanon
Iraklion
Crete
Beirut
Damascus

FRENCH KISS

Wie oft küsst man sich in Frankreich zur Begrüßung? Diese Karte ist ein Klassiker und stammt von Bill Rankin, einem der originellsten aktiven Kartografen. Anstatt einfach die häufigste Antwort pro Departement anzuzeigen und somit eine recht langweilige und auch ungenaue Karte darzustellen, griff Rankin in die kartografische Trickkiste. Er zeigt alle Antworten pro Departement als einzelne Punkte an. Somit sehen wir einige Skurrilitäten recht gut. Auf Korsika ist es laut 18 Prozent der Antworten gang und gäbe, sich fünfmal zur Begrüßung zu küssen.

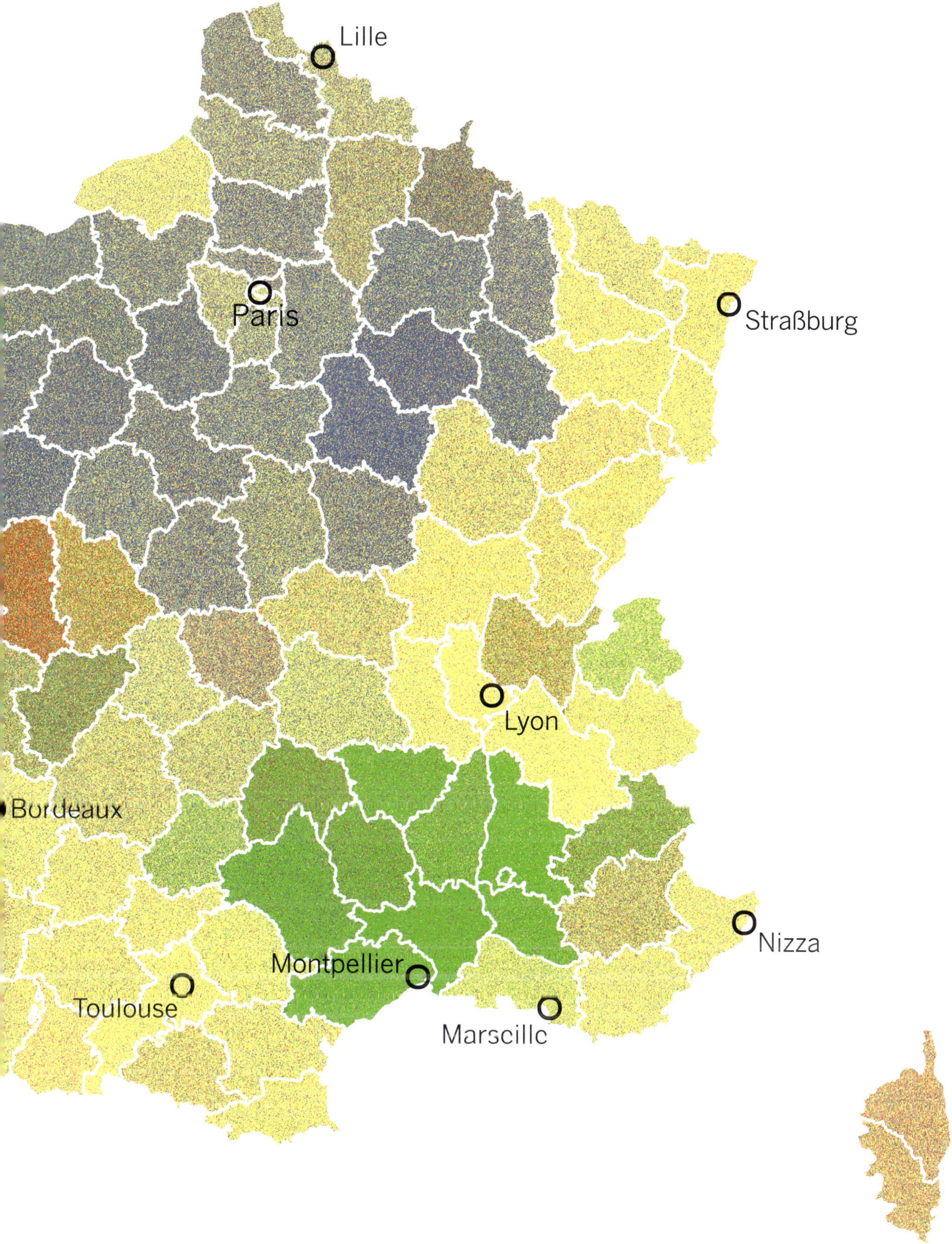
Lille
Paris
Straßburg
Lyon
Bordeaux
Nizza
Montpellier
Toulouse
Marseille

WER BRINGT DIE WEIHNACHTSGESCHENKE IN EUROPA?

Um Weihnachten und die dazugehörige Bescherung geht es in dieser Karte von Jakub Marian. Aber wer bringt die Geschenke? Allein in Deutschland gibt es mit dem Christkind (oder Christkindl) und dem Weihnachtsmann schon zwei unterschiedliche Traditionen – daher der Farbverlauf auf der Karte. Und betrachtet man ganz Europa, herrscht diesbezüglich bunte Vielfalt. In der Sowjetunion brachte Großvater Frost die Geschenke. Dieser Brauch hat sich in vielen Ländern des ehemaligen Ostblocks erhalten, aber gleichzeitig feiert die christliche Tradition mit dem heiligen Nicholas oder dem Jesuskind als Geschenkebringer ein Comeback. In Spanien wird man traditionell am 5. oder 6. Januar von den Heiligen Drei Königen beschenkt. Doch dank des Einflusses des »amerikanischen« Santa Claus bringt »Papá Noel« dort mittlerweile manchen schon am Heiligabend Gaben.

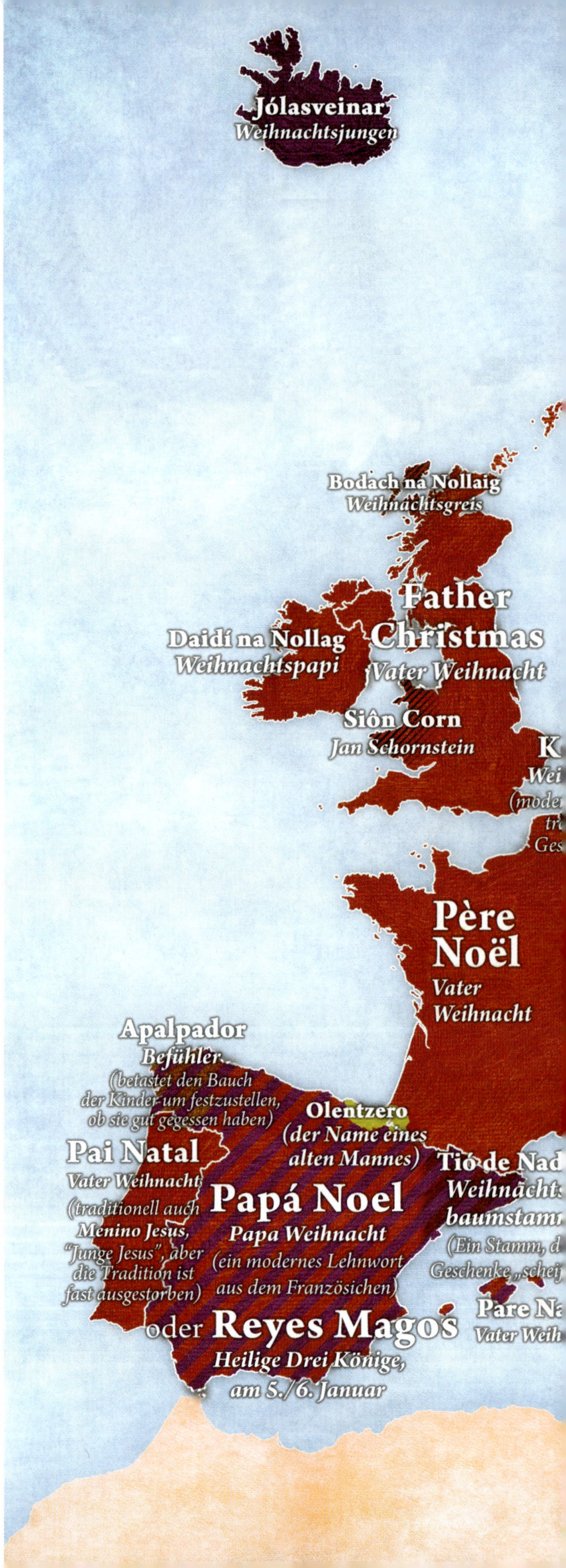

Joulupukki
wortgetreu Weihnachtsziege, meistens mit dem Weihnachtsmann verschmolzen
Jultomten
Weihnachtswichtel
(meistens mit dem Weihnachtsmann verschmolzen)
Julenissen
Weihnachtswichtel
(meistens mit dem Weihnachtsmann verschmolzen)
Julgubben
Weihnachtsgreis
(Sprecher des Schwedischen)
Дед Мороз
[Ded Moroz]
Großvater Frost
(Väterchen Frost)
bringt Geschenke am 31. Dezember, nicht zu Weihnachten
Jõuluvana
Weihnachtsalte
Ziemassvētku vecītis
Weihnachtsgreis
Julemanden
Weihnachtsmann
Kalėdų Senelis
Weihnachtsgroßvater
Дзед Мароз
Großvater Frost
(Väterchen Frost)
Weihnachts-mann
Święty Mikołaj
Sankt Nikolaus
oder Gwiazdor
Sternenmann oder
Aniołek, Engelchen
Святий Миколай
Sankt Nikolaus
am 19. Dezember
(manche Ukrainische Familien begehen beide Feiertage)
Дід Мороз
Großvater Frost
(Väterchen Frost)
am 31. Dezember
Ježíšek
Christkind
Dzieciątko
Kindchen
Ježiško
Christkind
Christkind
Jézuska (+Angyal)
Christkind (+Engel)
(oder Télapó, eine neue Erfindung)
Angyal (Engel)
(Sprecher des Ungarischen)
Božiček
Weihnachtsmann
or Dedek Mraz
Großvater Frost
Moş Crăciun
Greis Weihnacht
Djed Božićnjak
Großvater Weihnacht
Дядо Коледа
Großvater Weihnacht
oder Дядо Мраз
Großvater Frost
Deda Mraz
Деда Мраз
Großvater Frost
Дедо Мраз
Großvater Frost
Babbo Natale
Papa Weihnacht
(basiert auf fremden Traditionen)
Gesù bambino, „Christkind"
(in einigen Regionen)
oder la Befana (eine Hexe)
am 5. Januar
der Santa Lucia, Sankt Lucia
am 13. Dezember
Babagjyshi i Vitit te Ri
Großvater des Neujahrs
Noel Baba
Weihnachtspapi
(für Nicht-Christen ein allgemeines Symbol des Neujahrs)
Άγιος Βασίλης
Sankt Basilius
(traditionell am 1. Januar)
Father Christmas
(aus dem Englischen)

SO HEIẞT DEUTSCHLAND IN ANDEREN LÄNDERN EUROPAS

Die Karte zeigt die verschiedenen Namen für Deutschland in Europa und Nordafrika. Flapsig gesagt benannten die Nachbarländer Deutschland einfach nach dem germanischen Stamm, der sie am häufigsten angriff. Tatsächlich ist die Vielfalt auf die lange und uneinheitliche Geschichte der germanischen Völker zurückzuführen. Denn Deutschland war noch immer ein wilder Mischmasch an Völkern, als die Nachbarländer schon längst Nationalstaaten geformt hatten.

Duiska
Saksa
Tyskland
Tyskland
Saksamaa
Saksāmō
Vācija
Germánija
Tyskland
Vokietija
Miemieckô
Njaméččyna
Deutsch-
land
Niemcy
Nimska
Němska
Mjymcy
and
Niméččyna
Německo
Nemecko
Nimtsätä
Németország
Germania
Germaniya
Džarman
Nemčija
Germania
Almaniya
Almant°yla
German
Njemačka
Germania
Njemačka
Nemačka
Germania
Germánija
rmania
Germánija
Gjermania
Elmaniy
Almanya
Germanía
Ġermanja
Al
Ger
Ker

PERSONEN MIT ITALIENISCHER STAATSANGEHÖRIGKEIT

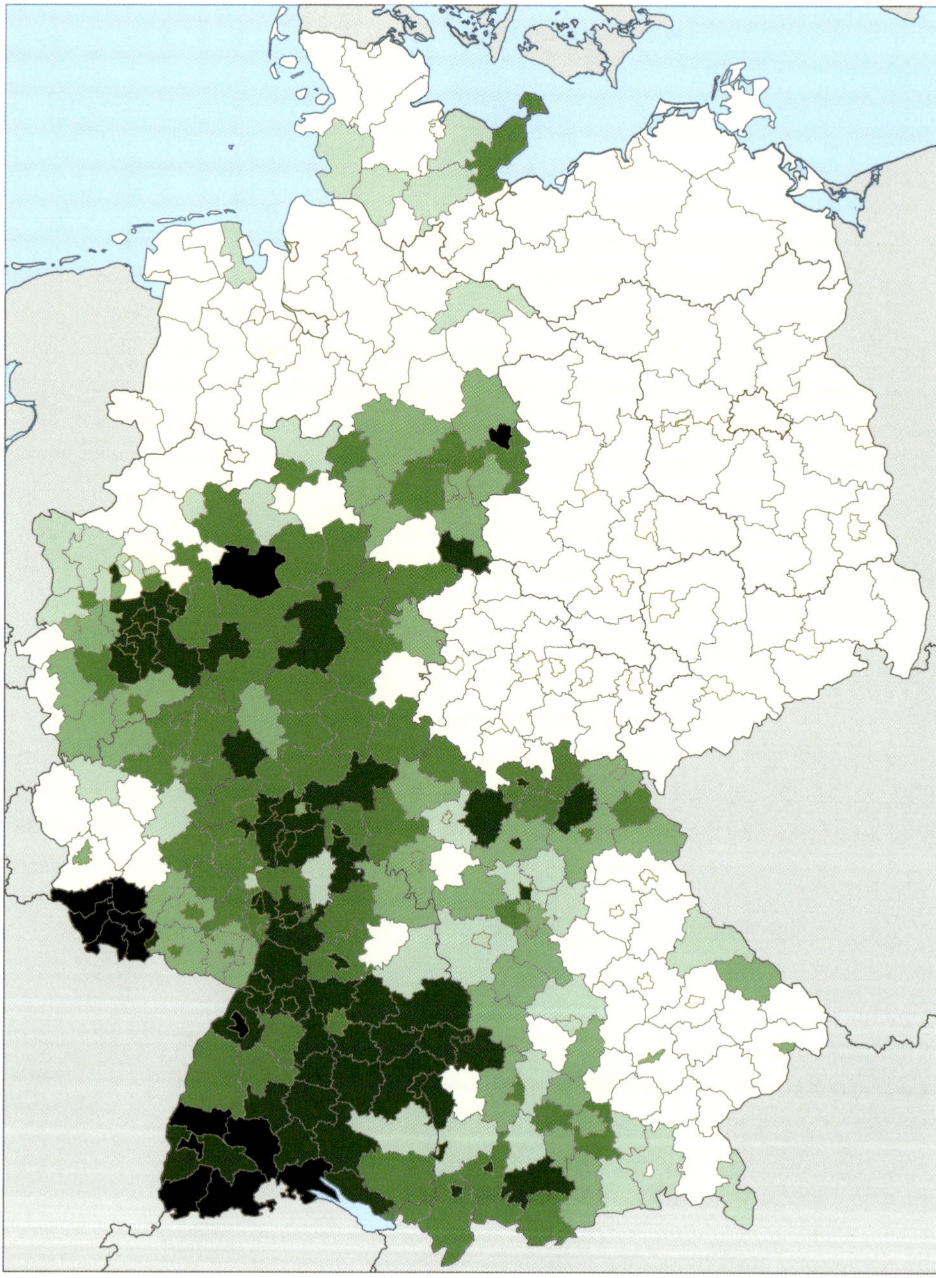

Dieses Kartenpaar zeigt die relative Häufigkeit von italienischen und vietnamesischen Staatsangehörigen auf Kreisebene in Deutschland (im Jahr 2014). In den 1950er-Jahren war in Westdeutschland das Wirtschaftswunder in vollem Gange und Arbeitskräfte wurden (auch wegen der vielen im Krieg gefallenen Männer) knapp. Im Gegensatz dazu war in

PERSONEN MIT VIETNAMESISCHER STAATSANGEHÖRIGKEIT

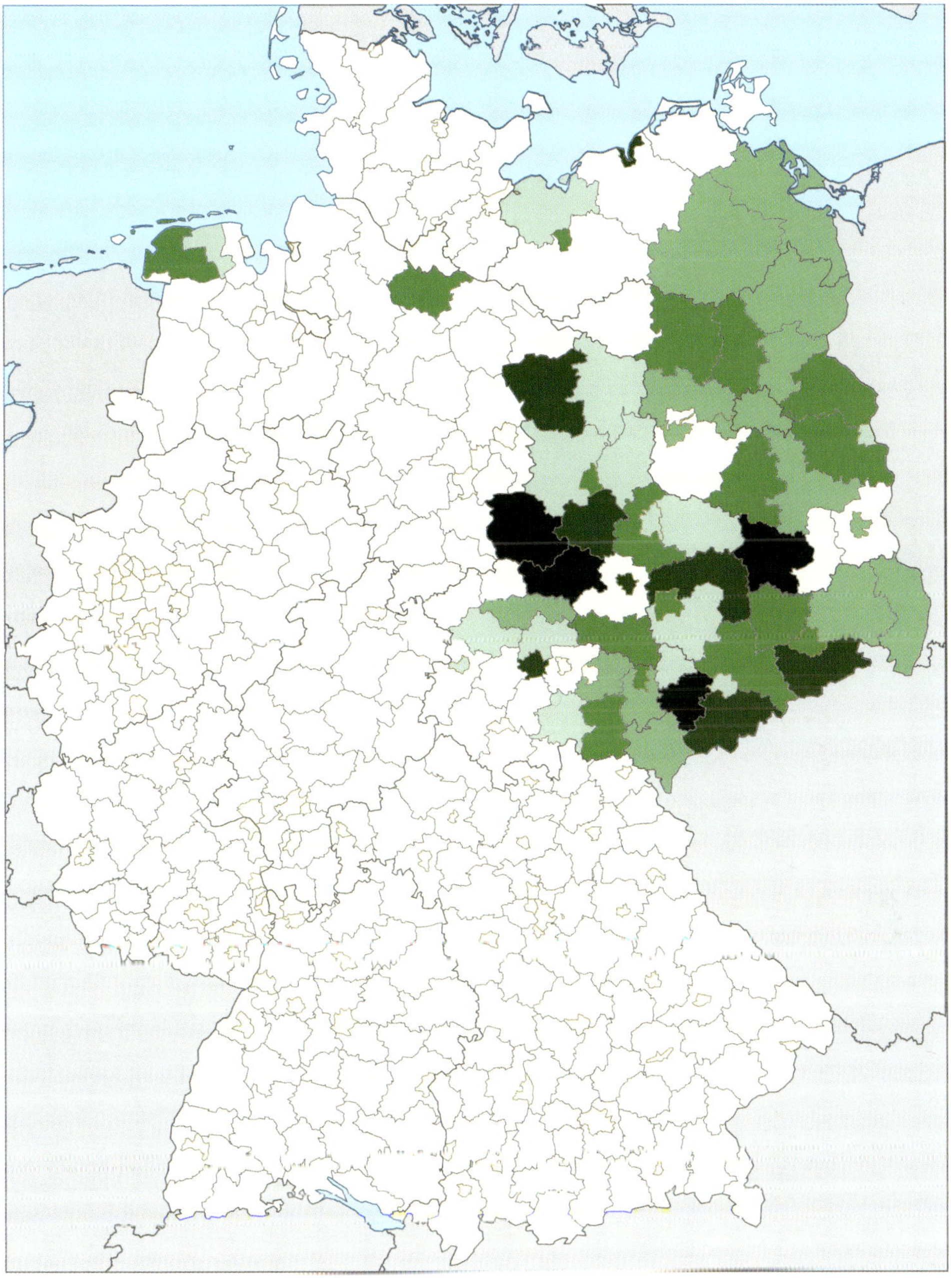

Italien die wirtschaftliche Lage vielerorts nicht rosig. Allein zwischen 1956 und 1972 reisten zwei Millionen italienische Arbeiter in die BRD ein. Die DDR hieß etwa 60 000 Einwanderer aus Vietnam willkommen, das nach dem Ende des Vietnamkriegs als kommunistischer Musterstaat galt.

RE2 Wismar RB10 14 Nauen
Kremmen RB55 Wittenberge RE6
Templin Stadt RB12 Stralsund/Rostock RE5
Groß Schönebeck (Schorfheide) RB27
RE4 Rathenow
Brieselang
Wustermark
RB13 21
Vehlefanz
Bärenklau
Velten (Mark)
Sachsenhausen (Nordb)
Oranienburg S1 RB20
Lehnitz
Borgsdorf
Birkenwerder S8
Hohen Neuendorf
Bergfelde
Schönfließ
Mühlenbeck-Mönchmühle
Schmachtenhagen RB27
Zühlsd
Wensickendorf RB27
Hohen Neuendorf West
RB55 S25 Hennigsdorf
Heiligensee
Schulzendorf
Tegel
Eichborndamm
Frohnau
Hermsdorf
Waidmannslust S26
Wittenau U8
Rathaus Reinickendorf
Karl-Bonhoeffer-Nervenklinik
Wilhelmsruh
U6 Alt-Tegel
Borsigwerke
Holzhauser Str.
Otisstr.
Scharnweberstr.
Lindauer Allee
Paracelsus-Bad
Alt-Reinickendorf
Schönholz
Residenzstr.
Wollankstr
Finkenkrug
Falkensee
Seegefeld
Albrechtshof
Elstal
Dallgow-Döberitz
Staaken
U7
Rathaus Spandau
Spandau S9 S3
Altstadt Spandau
Zitadelle
Haselhorst
Paulsternstr.
Rohrdamm
Siemensdamm
Halemweg
Jakob-Kaiser-Platz
Tegel TXL
Kurt-Schumacher-Platz
Afrikanische Str.
Rehberge
Seestr.
Leopoldplatz
Amrumer Str.
Nauener Platz
Franz-Neumann-Platz
Am Schäfersee
U9 Osloer Str.
Pankstr.
Bornholmer Str.
Gesundbrunnen
RE6-66 RB27
Humboldthain
Nordbahnhof
Wedding
Reinickendorfer Str.
Schwartzkopffstr.
Priort
Stresow
Pichelsberg
U2
Ruhleben
Olympia-Stadion
Neu-Westend
Theodor-Heuss-Platz
Olympiastadion
Heerstr.
Messe Süd
Westend
S46
Kaiserdamm
Messe Nord/ICC
ZOB
Sophie-Charlotte-Platz
Charlottenburg
S5
Westkreuz
Jungfernheide
Mierendorffplatz
Richard-Wagner-Platz
Bismarckstr.
Deutsche Oper
Ernst-Reuter-Platz
Savignyplatz
Beusselstr.
Birkenstr.
Turmstr.
Westhafen
Naturkundemuseum
Oranienburger Tor
U55
Hauptbahnhof
Tiergarten
Bellevue
Hansaplatz
Zoologischer Garten
Bundestag
Friedrichstr.
Oranienburger Str.
Hackescher Markt
Bernau
Rosen
Weinm
Rotes Rathaus
Unter den Linden
Brandenburger Tor
U55
Französische Str.
Märkis Mus
Marquardt
Wilmersdorfer Str.
Adenauerplatz
Kurfürstendamm
Uhlandstr.
U1
Hohenzollernplatz
Augsburger Str.
Spichernstr.
Wittenbergplatz
Nollendorfplatz U4
Kurfürstenstr.
Mendelssohn-Bartholdy-Park
Potsdamer Platz
Halensee
Konstanzer Str.
Grunewald
Hohenzollerndamm
Fehrbelliner Platz
Güntzelstr.
Bülowstr.
Gleisdreieck
Viktoria-Luise-Platz
Anhalter Bhf
Mohrenstr.
Stadtmitte
Kochstr.
Checkpoint Charlie
Hallesches Tor
Prinz
Heidelberger Platz
Blissestr.
Berliner Str.
Bayerischer Platz
Kleistpark
Eisenacher Str.
Yorckstr.
Möckernbrücke
Mehringdamm
Gneis
Golm
Rüdesheimer Platz
Breitenbachplatz
Podbielskiallee
Dahlem-Dorf
S4
Rathaus Schöneberg
Julius-Leber-Brücke
Platz der Luftbrücke
Bundesplatz
Innsbrucker Platz U4
Schöneberg
Paradestr.
S45 RB10
Südkreuz
Freie Universität
Thielplatz
Oskar-Helene-Heim
Onkel Toms Hütte
Krumme Lanke U3
Friedrich-Wilhelm-Platz
Walther-Schreiber-Platz
Friedenau
Feuerbachstr.
Schloßstr.
Priesterweg
Schlachtensee
Zehlendorf
Lichterfelde West
Rathaus Steglitz U9
Mexikoplatz
Sundgauer Str.
Botanischer Garten
Südende
Lankwitz
Attilastr.
Marienfelde
Lichterfelde Ost
Osdorfer Str.
Buckower Chaussee
Lichterfelde Süd
Schichauweg
S25 S26 Teltow Stadt
Lichtenrade
Nikolassee
RB33 S1 Wannsee
Griebnitzsee
Babelsberg
RB20-23 S7 Potsdam Hbf
Charlottenhof
Park Sanssouci
Medienstadt Babelsberg
Rehbrücke
Teltow
Großbeeren
Mahl
Saarmund
Ludwigsfelde-Struveshof
Pirschheide
Caputh-Geltow
Wilhelmshorst
Michendorf
RB23
Birkengrund
Ludwigsfelde
Thyrow
Caputh Schwielowsee
Ferch-Lienewitz
Seddin
Werder (Havel)
ZONE A
ZONE B
ZONE C
RE1 Magdeburg, Brandenburg
RE7 Dessau
RB33 Jüterbog
RE3 Lutherstadt Wittenberg / Elsterwerda-Biehla
RE4 Jüterbog

ALTERNATIVER S-BAHN-FAHRPLAN FÜR BERLIN

Das Internet ist voll von Fan-Fiction-Foren und -Blogs. Fans von Filmen oder Büchern erstellen ihre eigenen Geschichten, basierend auf den Protagonisten und Welten dieser Werke. Hier ist ein Beispiel für kartografische Fan-Fiction. Pasha Omelekhin liebt das Berliner Verkehrsnetz, war aber mit dem Fahrplandesign unzufrieden. Da hat er nicht lange rumgejammert, sondern einfach selbst den Plan umentworfen – und zwar nach allen Regeln der Kunst. Mir persönlich gefällt Pashas Variante deutlich besser. Ich finde, er wirkt moderner, lässt sich einfacher lesen und spiegelt das lebendige und farbenfrohe Berlin besser wider. Aber über Design und Geschmack lässt sich ja bekanntlich hervorragend streiten.

BERLIN BEI NACHT

Die Teilung Deutschlands zeigt sich auch heute noch in zahlreichen Daten und Karten. Ein besonders originelles Beispiel stammt vom kanadischen Astronauten Chris Hadfield, der aus der Internationalen Raumstation ein Foto von Berlin schoss. Westberlin leuchtet darauf in einem kühlen bläulichen Weiß, während das Ostberliner Licht warm und orange erscheint. Da sind ganz offensichtlich andere Glühbirnen installiert: Das kalte Westlicht kommt von Quecksilberdampflampen und Leuchtstoffröhren, der Ostteil der Stadt benutzt Natriumdampflampen. Die Lichttrennung der Stadt löst sich allerdings allmählich auf, da die Stadt in Ost und West inzwischen einheitlich auf energieeffiziente LEDs umsteigt.

GESCHICHTE

Karten können auch wunderbare Hilfsmittel sein, um die Vergangenheit zu erkunden. Die Geografie solcher Karten ist uns vertraut, weil geologische Zeitspannen so enorm sind, dass sich in den letzten 10 000 Jahren an den Umrissen der Kontinente nichts geändert hat. Es begegnen uns also bekannte Formen und Größen. Nur die Namen der Länder, Staaten oder Königreiche, die sich über die Kontinente erstrecken, sind anders. Auf den folgenden Karten können Sie Ihre Heimat und Urlaubsorte zwar wiederfinden, aber sie stehen in einem dramatisch anderen Kontext – sei es als Überfallort der Wikinger, Opfer der Pest oder gar als mythische Insel aus der Odyssee.

Natürlich wurden im Laufe der Geschichte auch immer wieder Grenzen verschoben und neu gezogen; Sieger und Eroberer haben neue Länder gegründet, meist aus den Überbleibseln der eroberten Gebiete. Karten, auf denen dies dargestellt ist, können uns helfen, die Gegenwart besser zu verstehen, weil sie uns zeigen, wo die alten Grenzen verliefen und wo sie noch heute Nachwirkungen haben.

ZÜGE, LANDNAMEN UND SIEDLUNGSGEBIETE DER NORDMÄNNER VON 800 BIS 1050 N. CHR.

Legende

- *Heimatgebiete*
- *Eroberungen und Landnahmen*
- *Nordmannensiedlung mit Gründungsjahr*
- *Besetzte und besiedelte Orte mit Einnahmejahr*
- *Trelleborg mit Gründungsjahr*
- *wichtiger Ort der Wikingerzeit*
- *umkämpfter Ort mit Zeitangabe*
- *Schlachtort mit Zeitangabe*
- *Gebrandschatztes und/oder geplündertes und/oder niedergebranntes Kloster*
- *Gebrandschatzter und/oder geplünderter und/oder niedergebrannter Ort*
- *vorübergehender Stützpunkt/ Winterlager der Nordmänner*
- 860 *Züge der Nordmänner mit Zeitangaben*

870
Lofoten
Halogaland
Biarmia
um 875
um 800
hetland-Inseln
um 700
Orkney-Inseln
um 800
Westfold
862
820
um 890
Man
860
859
860
907,
941
914
941

DIE PEST IN EUROPA

Im 14. Jahrhundert wurde Europa das Opfer der größten Pandemie, die es bis heute jemals erlebt hat. Die Pest fegte durch die Länder und tötete geschätzte 25 bis 50 Millionen Menschen. Die höhere Zahl entspräche 60 Prozent der gesamten Bevölkerung. Das verantwortliche Bakterium *Yersinia pestis* entstand in Zentralasien und kam über Handelswege wie die Seidenstraße nach Europa. Die Karte zeigt die Verbreitung des Erregers und damit auch die mittelalterlichen Handelsrouten. In den Städten war der sogenannte Schwarze Tod besonders verheerend, da hier die Ansteckungsgefahr am größten war. Gleichzeitig wussten die Menschen zu dieser Zeit nichts über die Ausbreitung oder Bekämpfung von Epidemien.

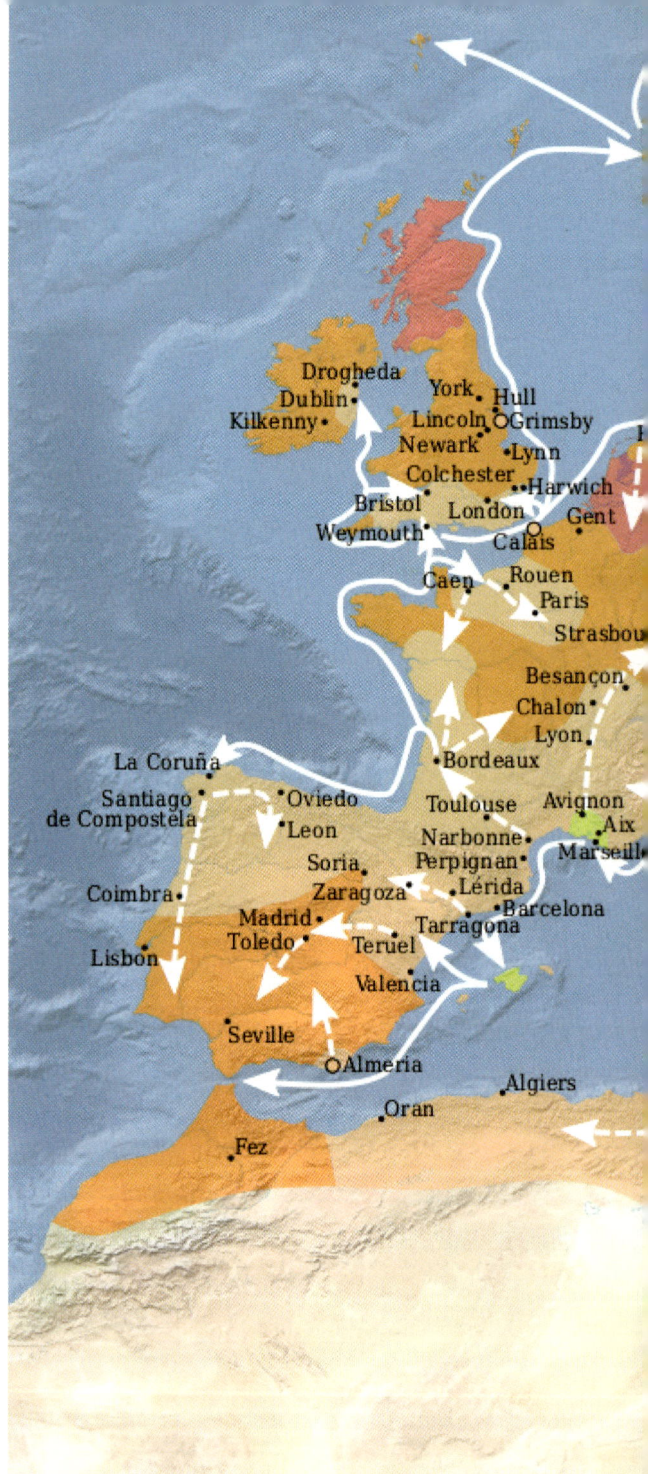

1346 **1347**

ungefähre Grenze zwischen dem Fürstentum Kiew und der Goldenen Horde – für Christen verbotene Passage

Handelsroute zu Land

Handelsroute zu Wasser

Barents Sea
Kara Sea
NORWAY
NORTH ATLANTIC OCEAN
NORWAY
SWEDEN
NOVGOROD
Novgorod
Baltic Sea
TEUTONIC ORDER
PSKOV
SCOTLAND
North Sea
DENMARK
Lübeck
Danzig
Moscow
IRISH STATES
ENGLAND
London
LITHUANIA
GOLDEN HORDE
Bruges
HOLY ROMAN EMPIRE
BOHEMIA
POLAND
Prague
Krakow
WHITE HO
Paris
BRIT.
FRANCE
AUS.
HUNGARY
Saray
Bay of Biscay
BURG.
Venice
Milan
VENICE
WAL.
Caffa
Astrakhan
Genoa
SAVOY
GENOA
Pisa
SERBIA
BULGARIA
Black Sea
Caspian Sea
Urgench
Khiva
NAV.
Barcelona
PAP. ST.
Ragusa
Constantinople
BYZ.
KASTAMONU
Trebizond
TREBIZOND
GEORGIA
SHIRVAN
Samarkand
PORT.
CASTILE
ARAGON
Rome
Naples
NAPLES
OTTOMAN
ERETNA
Bursa
ILKHANATE
Lisbon
Toledo
GERMIYAN
Konya
CHUPANIDS
Tabriz
Granada
AYDIN
KARAMAN
DULK.
MAZANDERAN
Cadiz
GRAN.
Tunis
MENTESE
CILICIA
Mosul
Hamadan
Rayy
ZAYYANIDS
THE KNIGHTS
TEKE
CYPRUS
Aleppo
Kabul
Fez
HAFSID
JALAYRIDS
SARBADARS
Tlemcen
Mediterranean Sea
Tripoli
Damascus
Baghdad
INJUIDS
Marrakech
Sijilmassa
Al-Iskandariyyah
KARTIDS
Shiraz
Basra
MARANIDS
Al-Qāhirah
MAMLUK
MUZAFFARID
Hormuz
Madinah
Musqat
Thatta
OMAN
Ayidhab
Jiddah
Mekkah
KANZ
Dongola
Suakin
Walata
Takedda
Arabian Sea
Timbuktu
Gao
JOLOF
MALI
Jenne
MOSSI
KANEM BORNU
Massawa
ALODIA
ABY.
YEMEN
Mukalla
Aden
Gulf of Aden
Kano
BORGU
Zeila
SHEWA
IFAT
Berbera
WARANGALI
BONOMAN
Oyo
BENIN
Benin
NRI
Gulf of Guinea
AJURAN
Moqadishu
Merca
Baraawe
Lamu
Malindi
Mombasa
Zanzibar
KILWA
Kilwa Kisiwani
SOUTH ATLANTIC OCEAN
IND
Mozambique
Quelimane
Sofala
Great Zimbabwe
ZIMBABWE
Cape of Good Hope

DIE ALTE WELT IM JAHR 1360

Diese Karte zeigt die politischen Grenzen im Jahr 1360. Europa hatte erst vor Kurzem die Pest erlitten und England und Frankreich befanden sich im Hundertjährigen Krieg. Auffällig sind die vielen weißen Flecken. Es handelt sich dabei um Regionen, die zwar bewohnt waren, aber keinem Staat oder Königreich angehörten. Darunter sind auch Gegenden, in denen es mit großer Wahrscheinlichkeit Königreiche oder Vergleichbares gab, über die aber nichts überliefert ist, beispielsweise Afrika südlich der Sahara.

DIE WELT IM JAHR 1660

Diese Weltkarte wurde vor knapp 200 Jahren, im Jahr 1830, erstellt, blickt aber zurück ins Jahr 1660. Sie zeigt, wie viel die Europäer von der Welt damals wussten. Ihr Wissenshorizont endete in dunklen Wolken. Die gesamte Westküste von Nordamerika ist hier völlig verhüllt und Australien ist als »New Holland« eingezeichnet, aber noch unvollendet. Neuseeland findet man auf dieser Karte unter dem falschen Namen Straten Island, denn der Entdecker Abel Tasman hielt es für einen Teil von Südamerikas Isla de los Estados.

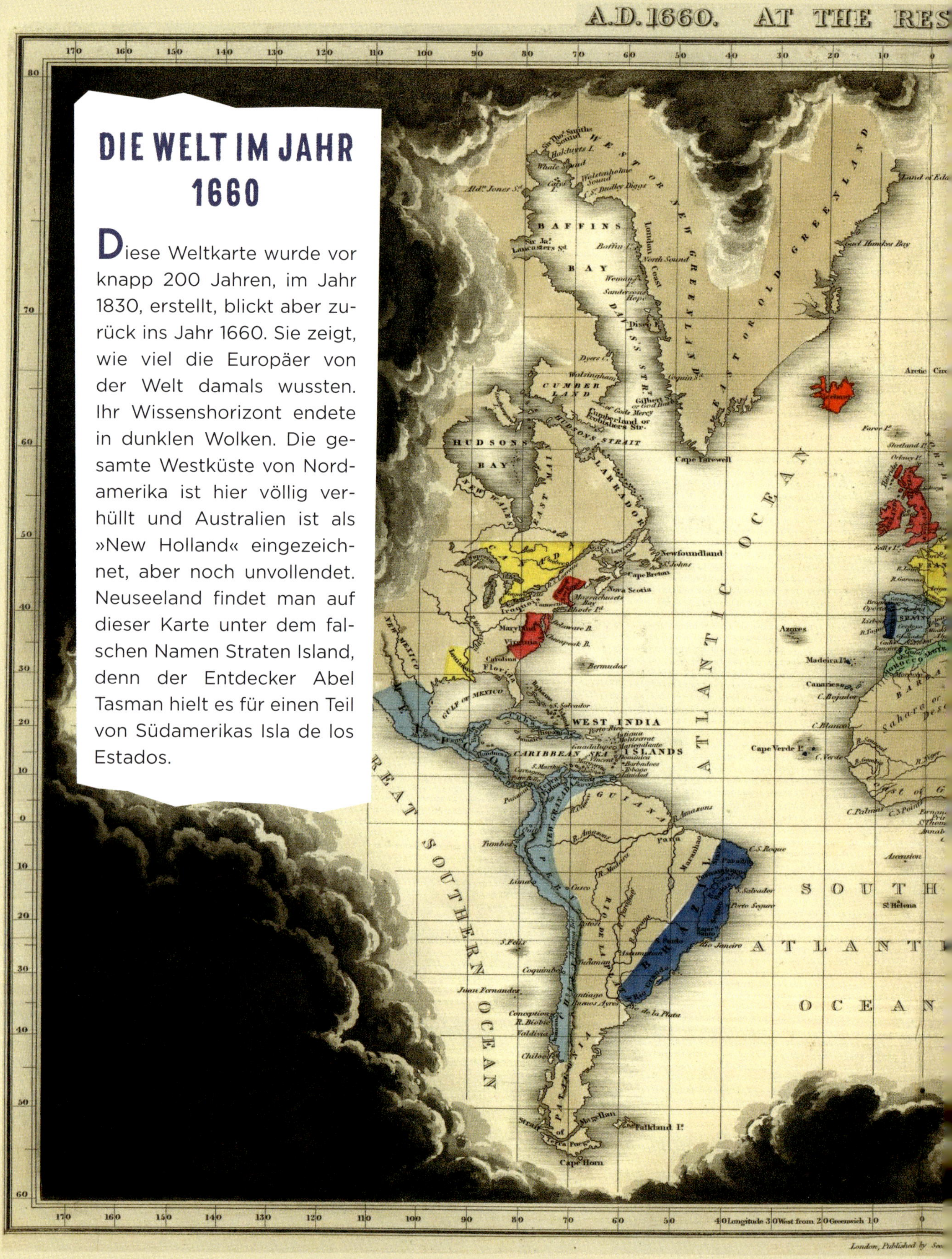

ATION OF THE STUARTS.

59, Fleet Street, 1830

Engraved by Sid'y Hall, Bury Str. Bloomsb'y

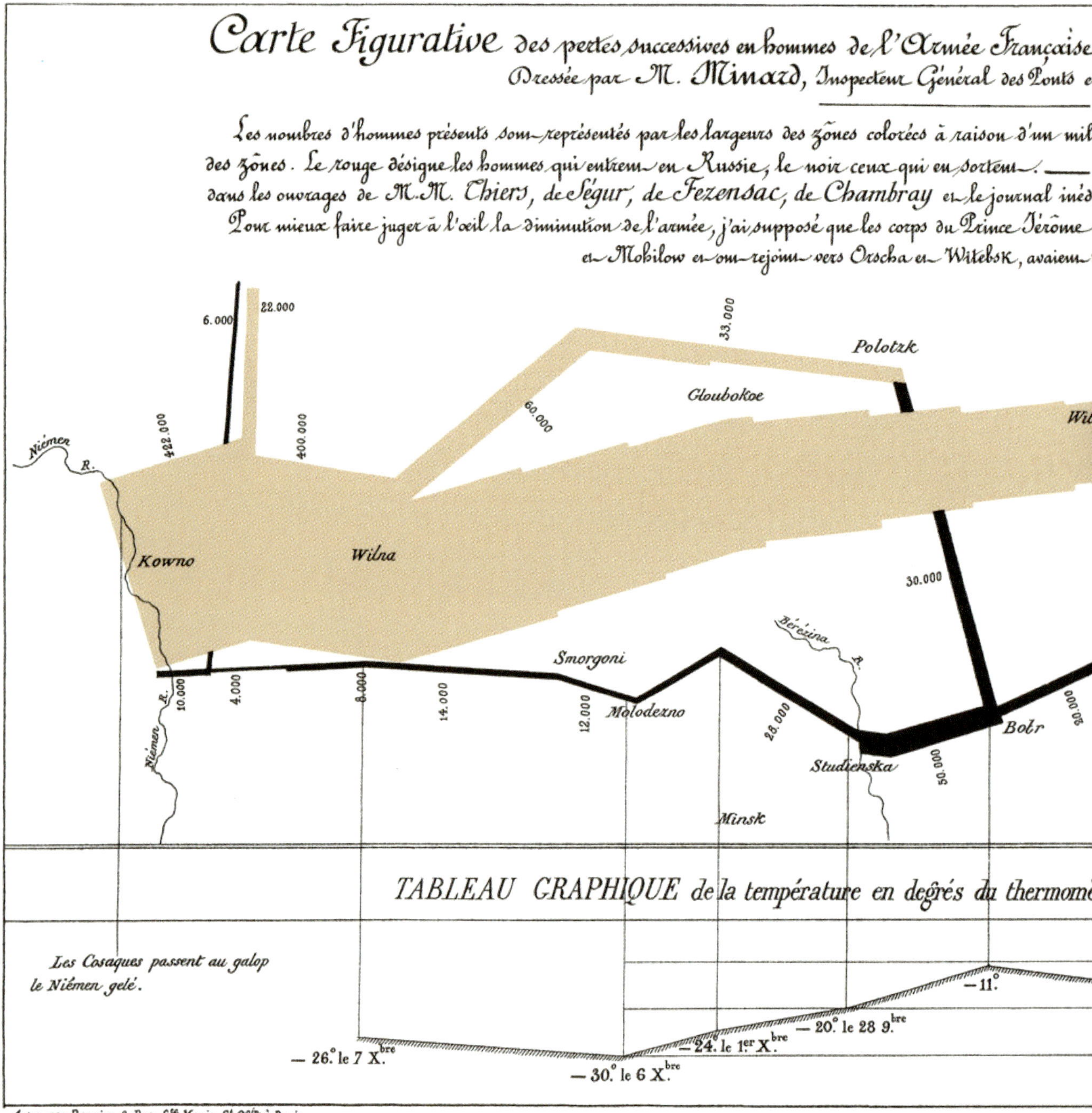

NAPOLEONS RUSSLANDFELDZUG

Eine der besten und frühsten Infografiken ist diese Karte des französischen Bauingenieurs Charles Joseph Minard (1781–1870). Seine Karte erklärt den Russlandfeldzug von Napoleon von 1812 bis 1813 und wie dieser zu einer absoluten Katastrophe wurde. Hier werden in einer einzigen Grafik viele Variablen aufgeführt. Die beige Linie zeigt die schwindende Truppenstär-

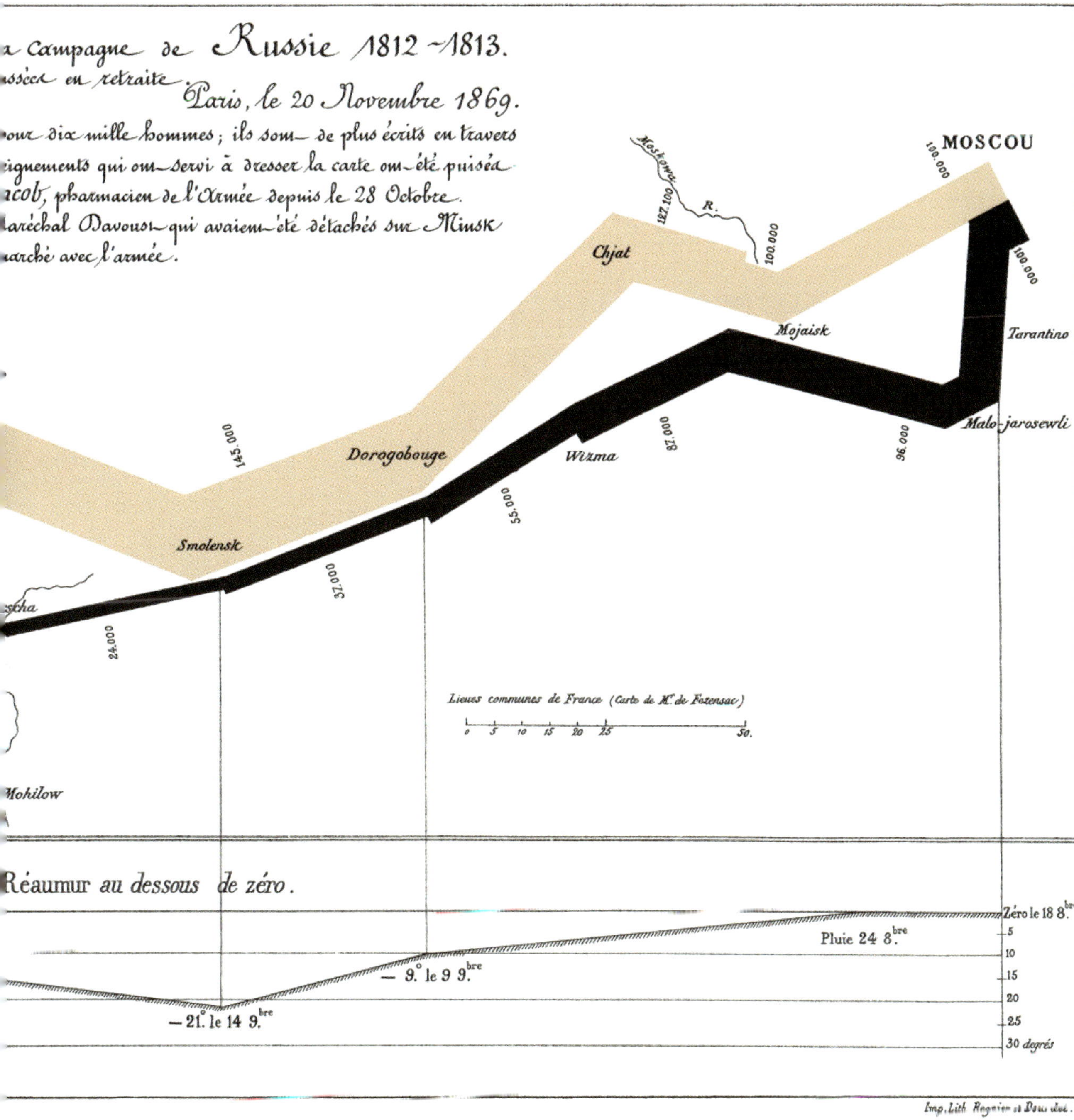

ke beim Hinmarsch der französischen Armee, die schwarze die Truppenstärke beim Rückzug. Abspaltung und Wiedervereinigung von Truppenteilen sind klar erkennbar. Am unteren Rand sehen wir die Höhenmeter und, besonders wichtig, die Temperatur, die in Réaumur angegeben ist – der Tiefpunkt von -30 Grad Réaumur entspricht -37,5 Grad Celsius. Ein Grund, warum der Rückzug der Franzosen so verheerend war.

NORDAMERIKA, SOLLTEN DIE MITTELMÄCHTE DEN ERSTEN WELTKRIEG GEWINNEN (1916)

Diese fiktionale Karte prangte auf dem Cover des amerikanischen Magazins *Life* vom 10. Februar 1916. Sie diente als Propagandaaufruf an die USA, ihren Isolationismus zu überwinden und aufseiten der Triple Entente (einem Bündnis zwischen England, Frankreich und Russland) in den Ersten Weltkrieg einzusteigen. Die Karte zeigt als Schreckensvision, was passieren würde, sollten das Deutsche Kaiserreich, Österreich-Ungarn, Bulgarien und das Osmanische Reich den Krieg gewinnen. Die USA wird in Neupreußen umbenannt und alle amerikanischen Städte gleich mit, sogar der Atlantik wird umgetauft. Die anderen Mittelmächte bekommen auch etwas von Nordamerika ab, wenn auch wesentlich kleinere Stücke. Der Staat New Mexico wird zu einem Reservat für »einheimische Amerikaner«. Warum Kanada zur barbarischen Wildnis wird, ist allerdings unklar, genauso, warum die Westküste von Japan übernommen wird, obwohl dieses schon seit 1914 auf der Seite der Entente-Mächte kämpfte.

R B A R I A N S
Hellener
on Papen
Bismarck
City
Achdenn
Salzlakenburg
Scheuenne
Hoch
Pilsener Laken
Heinenpolis
St.Karl
Moenchener Laken
Culmbacher Laken
Prosit
Schlauterhaus
Omahoch
Kaiser Bluffs
Rausmit
Lager Laken
Hofbrau Laken
Hyphenburg
Kulturplatz
Gottmituns
New Potsdam
Kruppsburg
Traumburg
N E W
Zweistein
Denverburg
Hohenzollern
Heidelbergapolis
Hindenberg
New Berlin
Ach Looey
Strafeburg
Kronprinz Bay
P R U S S I A
Cape Frightfulness
Cape Lockouidt
Wienerschnitzelplatz
New Bingen
New Rhine R.
Der Grosse Desert
AMERICAN RESERVATION
Kaiserkase
Gotterdammerungham
Karltown
Goose-step
Nietzsche
Von Mackensen R.
New Hamborg
TURCONIA
Bagdad Corners
New Bremen
Constantinople Junction
GULF OF HATE
Paallahm Beach
VON TIRPITZ OCEAN
West Turkey
STRAITS OF HORROR
PROVINCE OF MEXICO
Bertha
Wilhelmsburg
VESTINDIELANDT
Mackensenillo
New Roumania

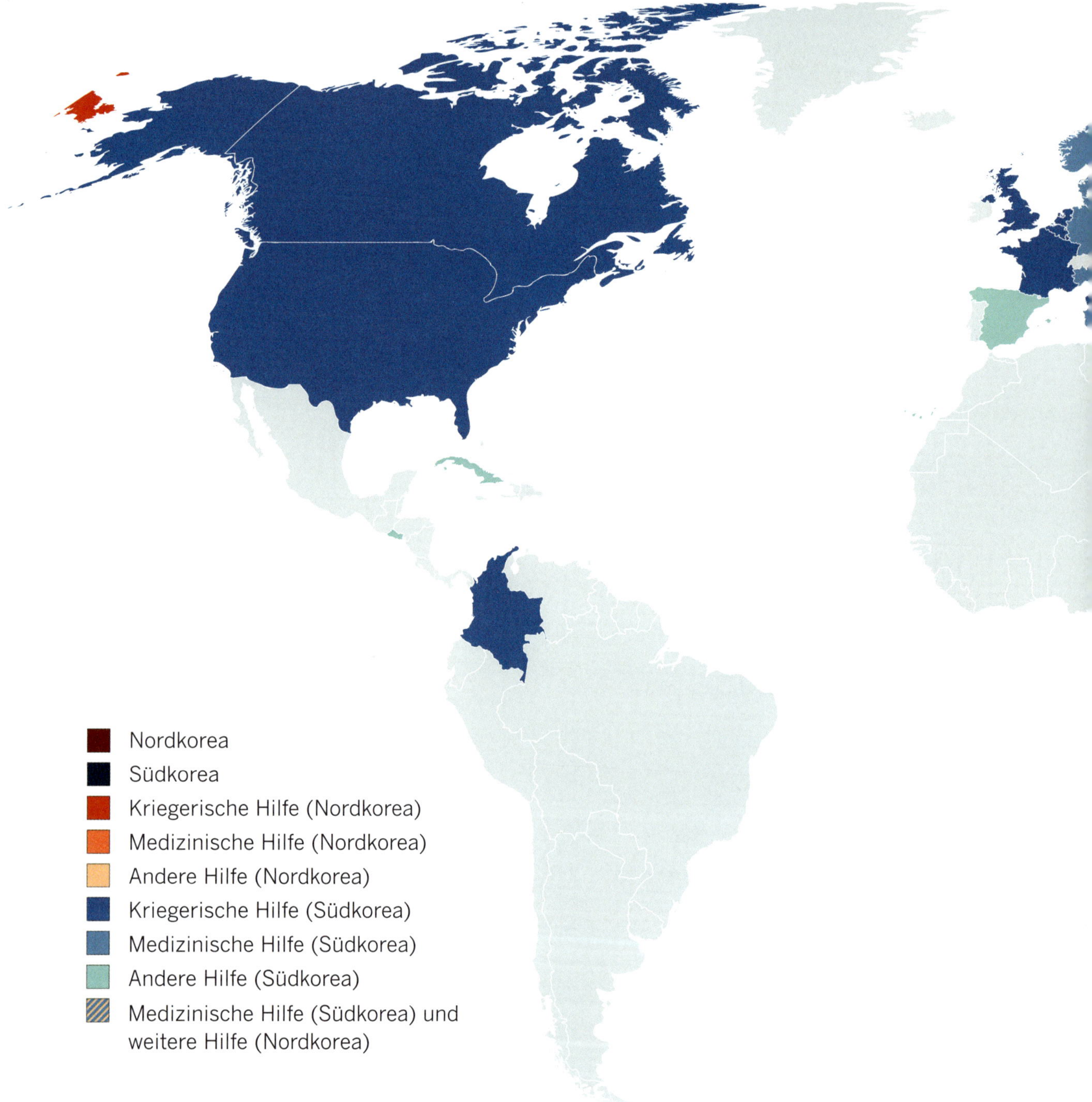

AM KOREAKRIEG BETEILIGTE LÄNDER

Im Jahr 1950 begann auf der Koreanischen Halbinsel der Koreakrieg. Dabei handelte es sich nicht um einen »einfachen« Bürgerkrieg, sondern um einen blutigen Stellvertreterkrieg im Kalten Krieg. Die Sowjetunion und die Volksrepublik China unterstützten das kommunistische Nordkorea, hinter dem demokratischen Südkorea standen die Vereinten Nationen und vor

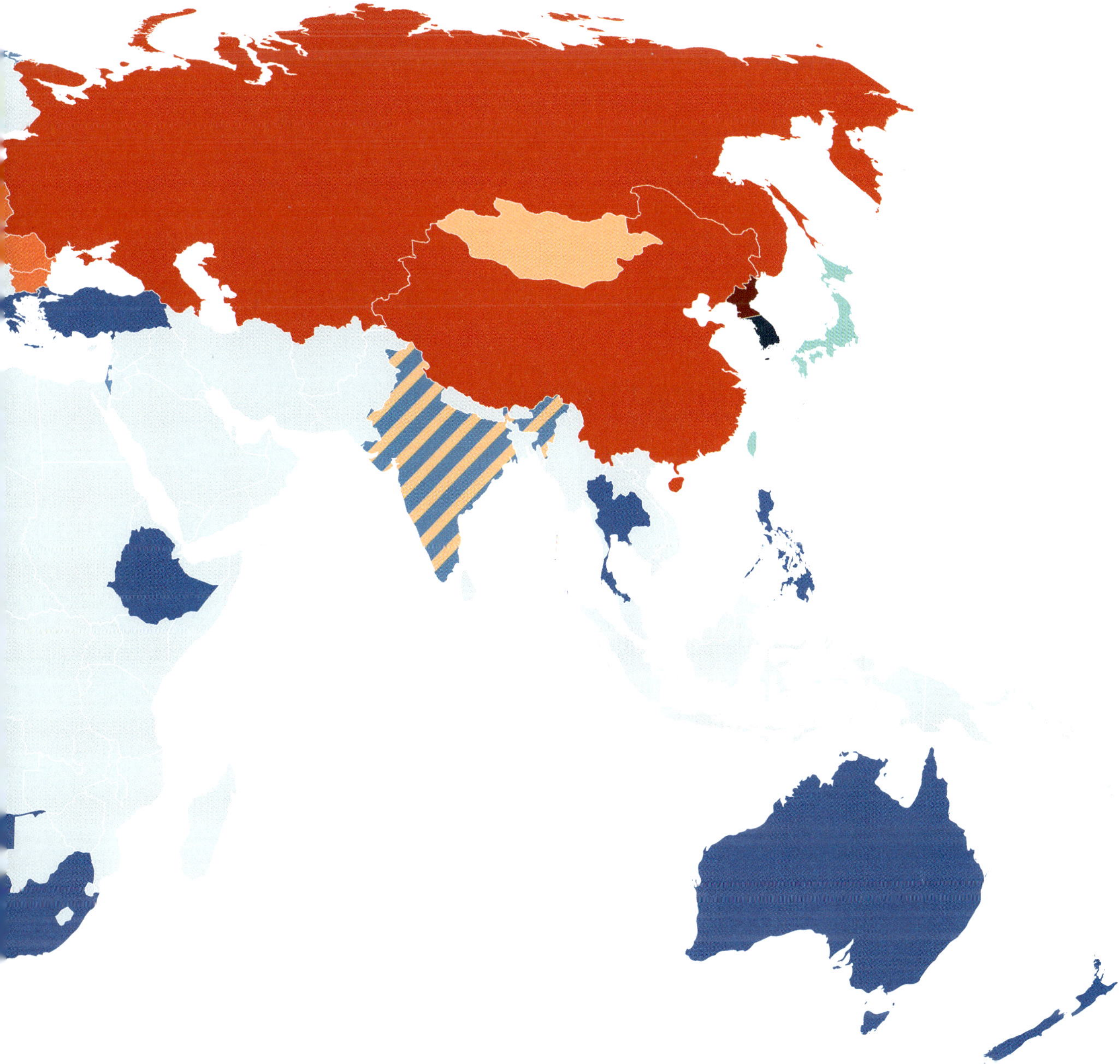

allem die USA. Die Karte zeigt, wie global dieser Konflikt wurde, weil die Weltmächte ihre militärische Macht direkt in den Krieg einspeisten. Der Koreakrieg endete am 27. Juli 1953 mit einem Waffenstillstandsabkommen, die Halbinsel ist bis heute geteilt, die Grenze streng bewacht. Der Konflikt war ein verlustreicher Stellungskrieg: Nicht nur wurde beinahe die gesamte Industrie Koreas zerstört, sondern es verloren auch etwa 940 000 Soldaten und etwa drei Millionen Zivilisten ihr Leben.

DIE LETZTEN HINRICHTUNGEN IN EUROPA

Heute haben alle europäischen Länder außer zweien die Todesstrafe abgeschafft. In Russland besteht seit 1999 ein Moratorium auf Hinrichtungen, wenn auch kein offizielles Gesetz dagegen. Weißrussland ist der klare Ausreißer, denn hier wird die Todesstrafe noch praktiziert. Jakub Marian hat die Daten der letzten Hinrichtungen zusammengetragen und eine schöne Karte erstellt. Wir sehen sowohl das Jahr als auch die Methode der jeweils letzten Hinrichtung in jedem Land. In der DDR (1972 auf der Karte) wurde die letzte tatsächliche Hinrichtung 1981 an einem Stasi-Spionageoffizier durchgeführt. In Westdeutschland wurde 1949 der letzte Mensch hingerichtet, wegen Mordes aus niederen Beweggründen. Die Todesstrafe wird weltweit immer unbeliebter. 106 Länder haben sie bereits abgeschafft, andere wenden sie nicht mehr an. Es gibt noch 56 Länder, in denen Menschen zum Tode verurteilt werden, die meisten von ihnen in China.

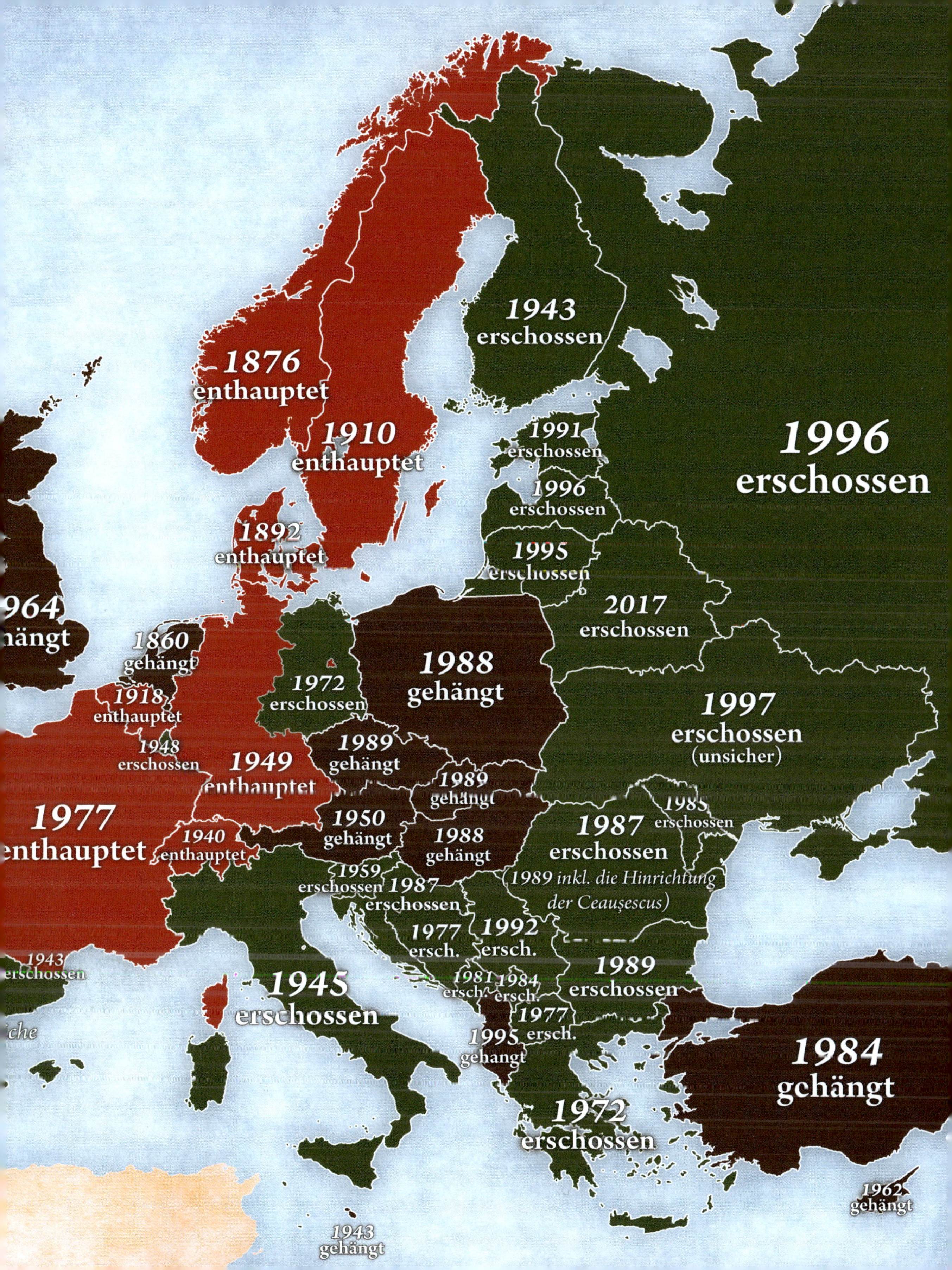

1876
enthauptet
1910
enthauptet
1943
erschossen
1996
erschossen
1991
erschossen
1996
erschossen
1995
erschossen
1892
enthauptet
2017
erschossen
1860
gehängt
1918
enthauptet
1972
erschossen
1988
gehängt
1948
erschossen
1989
gehängt
1997
erschossen
(unsicher)
1949
enthauptet
1989
gehängt
1977
1950
gehängt
1988
gehängt
1987
erschossen
1985
erschossen
1940
enthauptet
(1989 inkl. die Hinrichtung
der Ceaușescus)
1959
erschossen
1987
erschossen
1977
ersch.
1992
ersch.
1943
erschossen
1981
ersch.
1984
ersch.
1989
erschossen
1945
erschossen
1977
ersch.
1995
gehängt
1984
gehängt
1972
erschossen
1962
gehängt
1943
gehängt

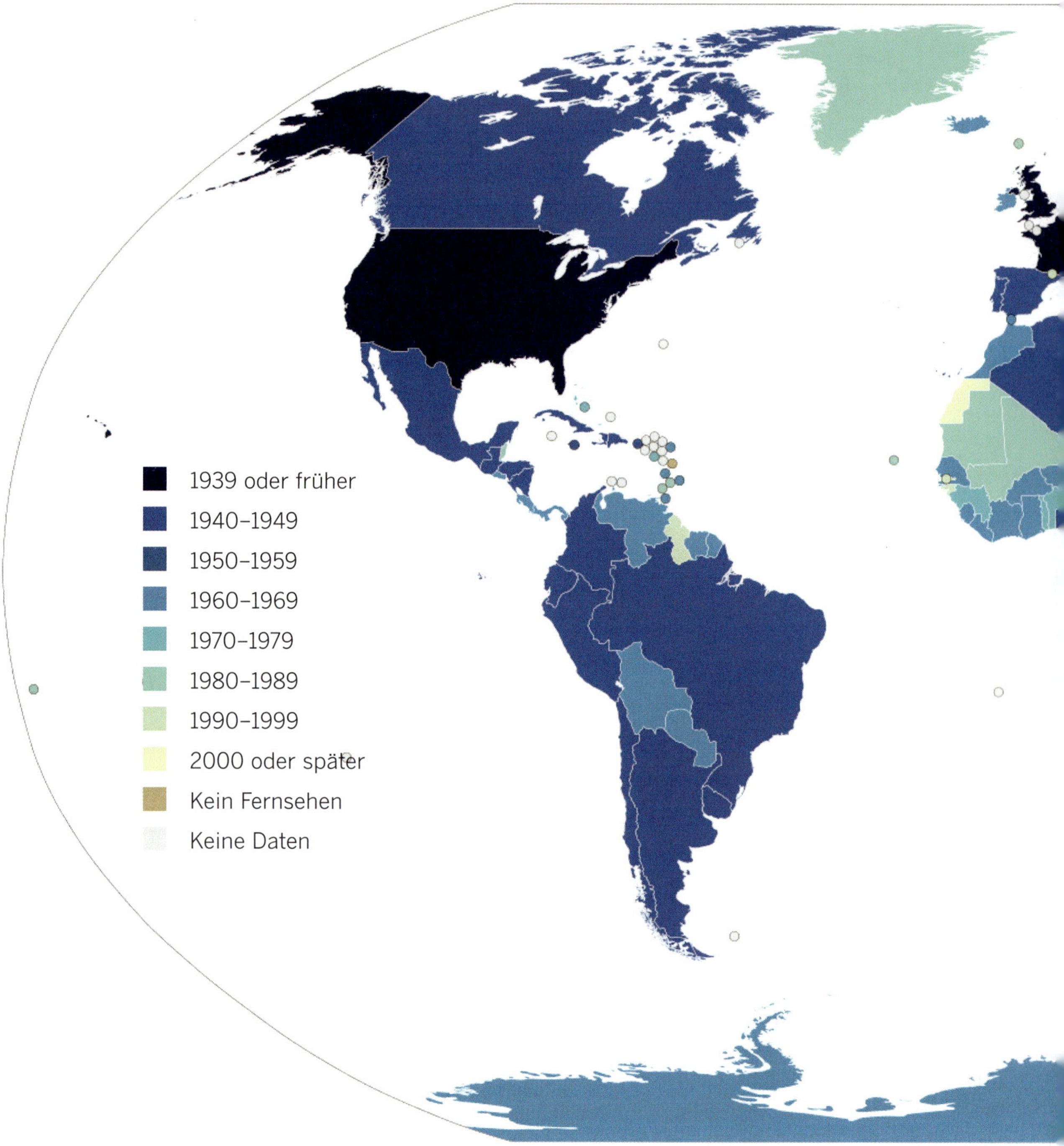

EINFÜHRUNG DES FERNSEHENS

Diese Karte zeigt, in welchem Jahrzehnt ein Land seinen ersten offiziellen regelmäßigen Fernsehsender bekam. Der erste Testbetrieb wurde 1928 in den USA aufgenommen, regelmäßiger Betrieb folgte ab 1938 und dann nur in New York und Los Angeles. Seit den 1930er-Jahren haben alle

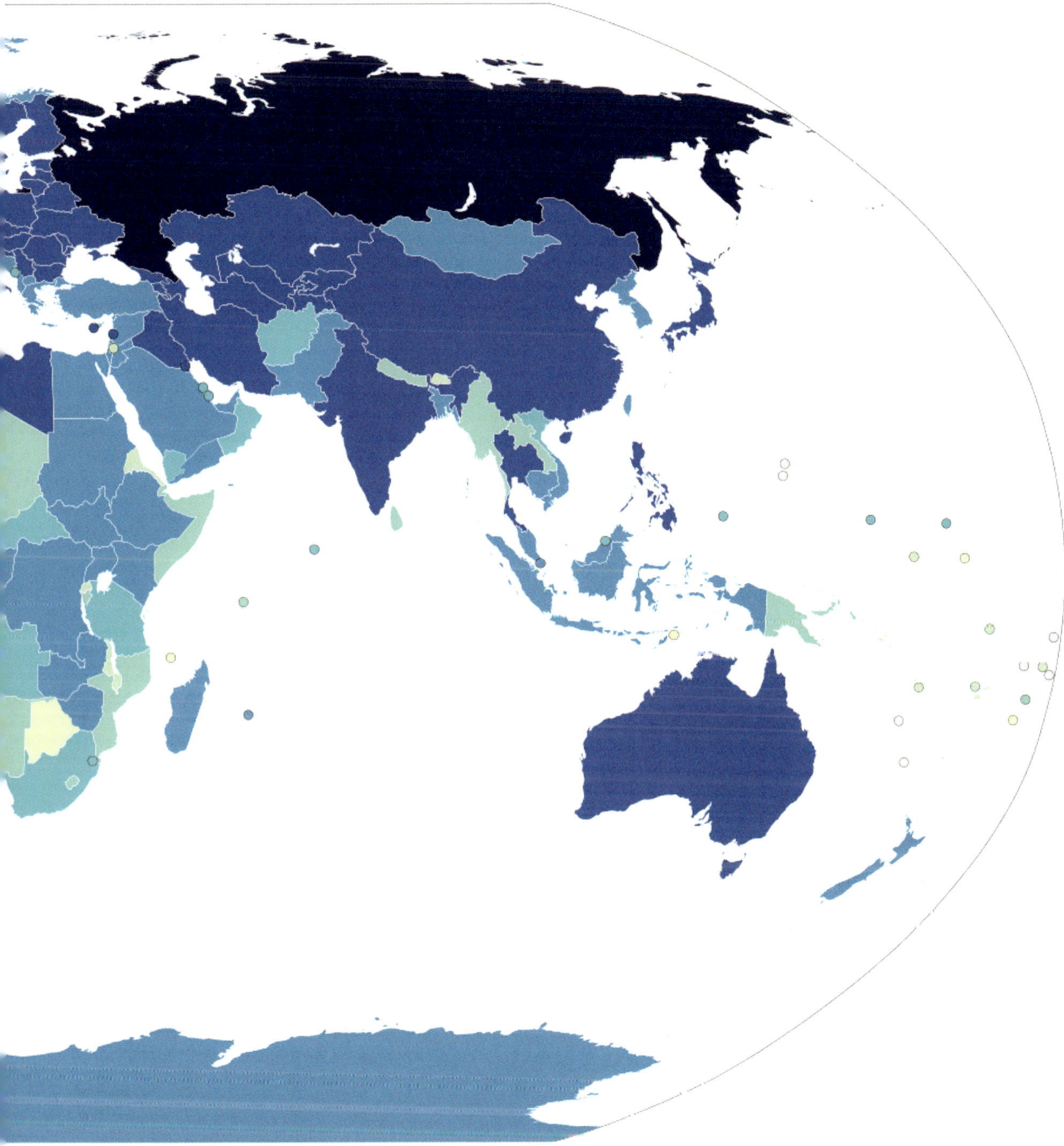

großen Nationen regelmäßigen Sendebetrieb aufgenommen. Das Radio war das erste Massenkommunikationsmittel, das nicht auf Schrift basierte, und das Fernsehen fügte Bilder hinzu. Wer im Fernsehen war, wurde von dem ganzen Land gesehen. Mit der Einführung immer weiterer Kanäle und dann des Internets verringerte sich die Strahlkraft des Fernsehens. Das neueste Land auf der Karte ist der Südsudan, der erst kürzlich seine Unabhängigkeit erklärt hat. In einem solchen Fall ist die Gründung eines nationalen Fernsehsenders weiterhin ein kraftvoller symbolischer Akt.

NACHWORT

Wir haben das vorläufige Ende unserer gemeinsamen kartografischen Reise erreicht. Sie umspannte über 100 Karten – von detaillierten Weltkarten, die auf komplexen Datensammlungen basieren, bis zu simplen schematischen Karten, die einfach nur ein bisschen gute Laune machen wollen.

In der Einleitung habe ich erwähnt, dass ich hoffe, auch ausgesprochenen Zahlenphobikern die Angst vor Daten nehmen zu können, indem ich interessant aufbereitete Karten präsentiere. Es würde mich freuen, von Ihnen zu hören, ob mir das gelungen ist. Eine kurze Nachricht per E-Mail oder über Twitter wäre toll.

Ich hoffe auch, dass manche Karten mehr als nur ein kurzweiliger Zeitvertreib waren; dass Sie dadurch altbekannte Themen aus einer neuen Perspektive sehen konnten. Vielleicht war diese Zusammenstellung sogar so interessant, dass Ihre Liebe für Karten erneuert, wenn nicht gar neu entfacht wurde.

Sie haben sich bestimmt bei mehreren Karten gefragt, ob die Daten hinter der Karte wirklich korrekt sein können. Diese gesunde kritische Grundhaltung wünsche ich mir von allen Lesern. Wir sollten Datenquellen und Karten grundsätzlich immer kritisch hinterfragen und überlegen: Will mich hier jemand gezielt manipulieren? Aber gleichzeitig sollten wir auch die Versuchung vermeiden, alle Daten, die nicht unserem Weltbild entsprechen, als Fake News oder einfach puren Unsinn abzukanzeln. Mir fällt es nicht immer leicht, Daten und Karten ernst zu nehmen, die mich zwingen, meine Meinung zu überdenken. Aber ich betrachte sie stets als

Einladung, mich in ein neues Thema einzulesen und mein Weltbild um ein paar neue Fakten und Perspektiven zu erweitern. Selbst die beste Karte ist schließlich nur ein erster Schritt in ein neues Abenteuer, ein neues Themengebiet. Denn wie schon in der Einleitung erwähnt: Wir dürfen die Karte nicht mit dem Gebiet verwechseln. Keine Karte verrät uns alles, keine Karte stellt die Wirklichkeit vollständig dar. Wir müssen immer noch selbst mitdenken, um wirklich zu verstehen, was die Karte uns zu sagen versucht.

Für alle, die Appetit auf mehr Karten bekommen haben: Auf meinen Twitter- und Facebook-Accounts stelle ich täglich ein halbes Dutzend neuer faszinierender Karten und Datenanimationen vor.

@SimonGerman600: Karten und Daten, bis der Bildschirm platzt

Simon shows you maps: Wie auf Twitter: Karten, bis das Handy glüht

Simon Kuestenmacher: Hier bin ich beruflich unterwegs und schreibe über globale und australische Bevölkerungsentwicklungen.

Simon Kuestenmacher: Beurteilen Sie selbst, wie aufregend das Berufsleben eines Demografen und Kartenjunkies ist.

DANKSAGUNG

Ich möchte mich von ganzem Herzen bei allen Kartografen bedanken, die so freundlich waren, ihre Werke für dieses Buch zur Verfügung zu stellen. Ich verbringe täglich mehrere Stunden damit, die Werke verschiedener Kartografen und anderer Datenjongleure zu studieren, zu bewundern und auf Twitter und Facebook mit anderen Kartenenthusiasten zu teilen. In diesem Buch habe ich nur eine kleine Auswahl präsentiert. Da es sich um ein Printmedium handelt, sind hier natürlich auch keine animierten Karten zu sehen.

QUELLENNACHWEIS

S. 12/13: »Bevölkerungsdichte«: NASA Earth Observations (NEO)/Socioeconomic Data and Applications Center (SEDAC) / CIESIN Columbia University, December 2018

S. 14: »Drei Kontinente«: Bibi Saint-Pol/Wikipedia; »Vier Kontinente« und »Fünf Kontinente«: shutterstock.com/Peter Hermes Furian

S. 15–19: alle Karten: shutterstock.com/Peter Hermes Furian

S. 20/21: »Black Marble«: NASA Earth Observatory

S. 22/23: »Mehr Menschen wohnen innerhalb des Kreises als außerhalb«: shutterstock.com/Volodymyr Nikulishyn

S. 26/27: »Agrarland«: www.croplands.org, Thenkabail, P. S., Teluguntla, P., Oliphant, A., Xiong, J., 2020. Landsat Satellite derived Global Cropland Extent Product at 30 m developed using Machine Learning Algorithms and Cloud computing

S. 28/29: »Globale Schiffsrouten bis 1860« und »Globale Schiffsrouten 1945 bis 2000«: Benjamin Schmidt, 20 Cooper Square, New York University, New York

S. 30/31: »Erdbeben«: Die Karte ist geistiges Eigentum von Esri. Copyright © 2019 Esri and its licensors. All rights reserved. John Nelson (@John_M_Nelson): AdventuresInMapping.com, Daten: USGS (earthquake.USGS.gov/earthquakes), Bild: NASA Visible Earth (VisibleEarth.nasa.gov)

S. 32/33: »Telegrafiekabel im Jahr 1901«: A B C Telegraphic Code 5th Edition, via Atlantic-cable

S. 34/35: »Unterwasser-Internetkabel«: TeleGeography (www.telegeography.com)

S. 36/37: »Globale Flugverbindungen«: Grandjean Martin, *Connected World: Untangling the Air Traffic Network*, 2016, http://www.martingrandjean.ch/connected- world-air-traffic-network/

S. 38/39: »Globale Folgen des Klimawandels«: Parag Khanna, Autor von *Connectography: Mapping the Future of Global Civilization* (2016)

S. 40/41: »Sonnenenergie«: Photovoltaic power potential ©2019 Solargis

S. 44/45: »Die Stärke eines Reisepasses«: Karte: shutterstock.com/Andrei Minsk; Daten: Henley Passport Index 2019 Data

S. 46/47: »Trinkgeld«: Sushial/Eigenes Werk; Daten: Wikivoyage Tipping sections

S. 48/49: »Weltsteckdosenkarte«: shutterstock.com/sunsinger

S. 50/51: »Telefonvorwahlen der Welt«: Chumwa/Wikipedia (CC BY-SA 2.0)

S. 52/53: »Linksverkehr oder Rechtsverkehr«: Benjamin D. Esham (bdesham); Daten: Sens de circulation.png

S. 54/55: »Wörtliche Übersetzung der Ländernamen Europas«: NeoMam Studios production for Credit Card Compare (www.creditcardcompare.com.au)

S. 56/57: »Hippie Trail«: NordNordWest/Wikipedia (CC BY-SA 3.0)

S. 58/59: »Durchschnittliche Wartezeit für Anhalter«: Ábel Sulyok (Ungarn, 2019); hitchwiki.org

S. 60/61: »Europäische Fernradwege«: EuroVelo, das europäische Radwegnetz, www.eurovelo.org, 2019

S. 62/63: »Weltweite Geschwindigkeitsbegrenzungen«: Karte: shutterstock.com/ArtMari; Daten: Terrorist96/Wikipedia

S. 64/65: »Reisezeit von London im Jahr 1914«: John George Bartholomew (1860–1920), in: *An atlas of economic geography*, London: Oxford University Press, 1914

S. 66/67: »Reisezeit von London im Jahr 2016«: Rome2rio.com, 2016

S. 68/69: »Charles Darwins Reise«: Benjamin Schmidt, 20 Cooper Square, New York University, New York

S. 70: »Ausbruch des Yellowstone-Vulkans«: Mastin et al., 2014 Yellowstone paper aus: Mastin, L. G., Van Eaton, A. R. and Lowenstern, J. B., 2014. Modelling ash fall distribution from a Yellowstone supereruption. Geochemistry, Geophysics, geosystems, 15(8): 3459–3475

S. 72/73: »Zugvögel aus der Arktis«: Conservation of Arctic Flora and Fauna (CAFF), 2013. Arctic Biodiversity Assessment: Beitrag für: Policy Makers. CAFF, Akureyri, Island

S. 74/75: »Wolfsrudel«: Voyageurs Wolf Project

S. 76/77: »Länder mit heimischen Wildkatzen«: Robert Parkin

S. 78/79: »Flamingo-Weltkarte«: Phoenix_B_1of3 (talk)/Eigene Arbeit; Daten: Fred Cooke, Jenni Bruce: The Encyclopedia of Animals: a complete visual guide

S. 80/81: »Lebensraum des Mammuts im Pleistozän«: Azcolvin429/Wikipedia (CC-BY-SA 4.0)

S. 82/83: »Nutztierdichte«: Gilbert, M., Nicolas, G., Cinardi, G., Van Boeckel, T. P., Vanwambeke, S. O., Wint, G. R. W., Robinson, T. P., 2018. Global distribution data for cattle, buffaloes, horses, sheep, goats, pigs, chickens and ducks in 2010. Scientific Data 5, 180227. https://doi.org/10.1038/sdata.2018.227

S. 84/85: »Die Welt aus Sicht eines Delfins«: Frans Blok/3 Develop, www.3develop.nl

S. 86/87: »Tierwelt als Welttiere«: © Kentaro Nagai/Graflex Directions

S. 88/89: »Anzahl giftiger Tiere pro Land«: Reddit/lanson15

S. 90: »Dingozaun in Australien«: Travel Encyclopedia; Bearbeitung: Übersetzung der Karte

S. 92/93: »Pangäa mit modernen Grenzen«: Massimo Pietrobon

S. 94/95: »Antipoden-Weltkarte«: AnonMoos/Wikipedia (CC BY-SA 2.5)

S. 96/97: »Datumsgrenze«: Karte: Google Earth

S. 98/99: »Kanada wohnt unterhalb der roten Linie«: Karte: shutterstock. com/Abdulloh Jehyapar

S. 100/101: »Grönland liegt nördlicher, südlicher, westlicher und östlicher als Island«: Karte: shutterstock.com/Cvijovic Zarko

S. 102/103: »Südamerika ist auch Ostamerika«: shutterstock.com/dikobraziy

S. 104/105: »Zehn Breitengrade nach gleicher Landmasse«: Neil Kaye (@neilkaye)

S. 106/107: »Zehn Breitengrade nach gleicher Bevölkerung«: Neil Kaye (@neilkaye)

S. 108: »Heihe-Tengchong-Linie«. Ginbayashi/Wikipedia

S. 110/111: »Mercator-Projektion«: Neil Kaye (@neilkaye)

S. 112/113: »Die wahre Größe Afrikas«: Czech is Cyrillized/Wikipedia (CC BY-SA 1.0)

S. 114/115: »Flüsse und Seen der Welt«: James Reynolds/John Emslie; Publisher: James Reynolds; Quelle: David Rumsey Map Collection

S. 116/117: »Neil und Buzz auf dem Fußballfeld«: NASA/ALSJ

S. 118/119: »Das Römische Reich über den USA«: Massimo Pietrobon

S. 120/121: »Great Pacific Garbage Patch«: Scientific Reports 8, Article number 4666 (2018), L. Lebreton, B. Slat, F. Ferrari, B. Sainte-Rose, J. Aitken, R. Marthouse, S. Hajbane, S. Cuncolo, A. Schwarz, A. Levivier, K. Noble, P. Debeljak, H. Maral, R. Schoeneich-Argent, R. Brambini, J. Reisser (CC BY-SA 4.0)

S. 124/125: »Kaffee- und Weinanbau« Karte: shutterstock.com/Peter Hermes Furian

S. 126/127: »Schlemmerkarte Deutschland«: TasteAtlas.com

S. 128/129: »Wo in Deutschland wird welches Bier getrunken?«: Atlas zur deutschen Alltagssprache (Elspaß/Möller), Reference: Elspaß, Stephan /Robert Möller (2003 ff.): Atlas zur deutschen Alltagssprache (AdA). URL: www.atlas-alltagssprache.de

S. 130/131: »Scherzhafte Alkoholvorlieben in Europa«: shutterstock.com/teka12

S. 132/133: »Tatsächliche Alkoholvorlieben in Europa«: Reddit: @NaytaData

S. 134/135: »Übergewicht in Europa«: Reddit: John Leith

S. 138/139: »Währungen vor Einführung des Euros«: Karte: shutterstock.com/teka12, Daten: Wikipedia

S. 140/141: »Schwierigkeit europäischer Sprachen«: Karte: shutterstock.com/teka12, Daten: Wilkipedia

S. 142/143: »Die blaue Banane«: Karte: shutterstock.com/teka12, Daten: Wikipedia

S. 144/145: »Mögliche Begriffe für den EU-Austritt«: Karte: shutterstock.com/teka12

S. 146/147: »Anzahl der Buchstaben in den europäischen Alphabeten«: Karte: shutterstock.com/teka12

S. 148/149: »Der Nachname ›Schmidt‹ in allen europäischen Sprachen«: Karte: shutterstock.com/teka12, Daten: Wikipedia

S. 150/151: »Europa als Fantasy-Karte«: Tautvydas Norkus

S. 152/153: »French Kiss«: Bill Rankin, www.radicalcartography.net

S. 154/155: »Wer bringt die Weihnachtsgeschenke in Europa?«: Jakub Marian, jakubmarian.com

S. 156/157: »So heißt Deutschland in anderen Ländern Europas«: Shyamal/Wikipedia (CC BY-SA 3.0)

S. 158: »Personen mit italienischer Staatsangehörigkeit«: Michael Sander/Wikipedia (CC BY-SA 3.0)

S. 159: »Personen mit vietnamesischer Staatsangehörigkeit«: Michael Sander/Wikipedia (CC BY-SA 3.0)

S. 160/161: »Alternativer S-Bahn-Plan für Berlin«: Pasha Omelekhin, omelekhin.ru

S. 162/163: »Berlin bei Nacht« Chris Hadfield/Canadian Space Agency/NASA

S. 166/167: »Züge, Landnahmen und Siedlungsgebiete der Nordmänner«: Mediatus/Wikipedia, topographische Karte aus OpenStreetMap, veröffentlicht unter CC BY-SA 3.0. Zu den historischen Angaben: Putzger, *Historischer Weltatlas*, Cornelsen-Velhagen & Klasing, Berlin 1980, S. 37; Arnulf Kraruse: *Die Welt der Wikinger*, Campus, Frankfurt/Main 2006, u. a.

S. 168/169: »Die Pest in Europa«: Flappiefh/Wikipedia (CC BY-SA 4.0)

S. 170/171: »Die alte Welt im Jahr 1360«: Jan Wignall

S. 172/173: »Die Welt im Jahr 1660«: Quin, Edward: A.D. 1660. At The Restoration Of The Stuarts. Engraved by Sidy. Hall Bury Strt. Bloomsby. London, Published by Seeley & Burnside, 169, Fleet Street, 1830. ; Quelle: David Rumsey Historical Map Collection

S. 174/175: »Napoleons Russlandfeldzug«: Charles Joseph Minard 1869

S. 176/177: »Nordamerika, sollten die Mittelmächte den Ersten Weltkrieg gewinnen (1916)«: Cornell University – PJ Mode Collection of Persuasive Cartography

S. 178/179: »Am Koreakrieg beteiligte Länder«: Snehasish Chowdhury

S. 180/181: »Die letzte Hinrichtungen in Europa«: Jakub Marian, jakubmarian.com

S. 182/183: »Einführung des Fernsehens«: Laydan Mortensen/Wikipedia